설계기록
Design Documents

(주)유엔에이건축사사무소
UNA Architects Co., Ltd.

DESIGN

※ 별도표기가 없는 사진은 ㈜유엔에이건축사사무소에서 제공한 사진임.

설 계 기 록
UNA Architects Co., Ltd.

(주)유엔에이건축사사무소 대표 **신삼호**

발간사

지난 3여 년간 코로나19와 함께하는 삶이 길어지면서 외출조차 자유롭지 않았지만 그 덕분에 제 자신의 모든 일에 대한 지극한 응시와 사유를 할 수 있었습니다. 그러다가 재작년 여름, 사진에 깊은 관심을 갖게 되었습니다. 곁에서 사진 촬영 기법을 알려 주는 친구도 있었던 터라 새로운 시각적 사유에 눈뜨면서 제법 흥미를 느끼고 사진 촬영에 깊숙이 몰입해 갔습니다.

촬영 연습의 대상물은 제 일과 동떨어질 수 없는 건축물이 피사체가 되어 주었습니다. 주로 사무실에서 최근 작업한 건축물 위주로 몇 점씩 찍다가 한순간 생각이 바뀌어, 아예 사무실에서 설계한 과거와 현재의 모든 건축물을 카메라에 다 담아보기로 결심하게 되었습니다. 그래서 기억 속에 잊고 있었던 과거에 설계한 건물들을 둘러보게 된 것입니다. 그것은 오래된 '나'를 마주하는 시간의 여정이기도 했습니다. 그 촬영 과정에서 하나하나의 건축물을 만날 때면 설계 및 감리과정에서의 에피소드와 고생한 동료들의 얼굴도 떠올랐습니다. 더러는 지난날 호기 넘쳤던 유치한 디자인 때문에 얼굴이 붉어지기도 했습니다.

그리고 내 인생의 전부였던 건축설계 여정을 돌이켜 보는 반성적 계기가 된 것 같습니다.

『설계기록』이라는 성과물은 이러한 과정에서 탄생하게 되었습니다.

『설계기록』에 수록된 건물은 그간 작업 중에서 엄선하여 고른 결과물이 아니라 촬영 당시 원형을 유지하고 있는 모든 건축물을 대상으로 하였습니다. 작품적 가치보다는 대중적 성향이 반영된 모든 건축물을 기록하는 것이 더욱 의미가 있다고 생각했기 때문입니다.

처음에는 준공건축물을 대상으로 하였으나 여기에 계획안들도 포함시켰습니다. 계획안들은 세상에 빛을 보지 못하였지만 향후 자료로서의 활용 가치를 고려하여 같이 정리하였습니다.

그리하여 설계공모 출품안과 스터디 모형, 그리고 계획안 투시도 등이 창고에서 빛을 보게 되었습니다. 이러한 『설계기록』 자료들이 다른 프로젝트들의 계획과정에 참조되고, 비평되어 건축적 향상에 기여하는 데이터로서 가치를 가지기를 바랍니다.

내 삶의 전부였던 건축작업 과정의 성과물을 30년 만에 정리하고 돌아보니, 오늘의 나를 있게 한 여러분들이 생각납니다. 80년대 건축 입문기에 건축가의 자세를 엄중하게 보여주신 김효일 교수님께 감사합니다. 건축을 대하는 진지한 자세는 제자들의 나태함을 허용하지 않는 표상이셨습니다.

건축 실무를 하면서 접한 허정도 선배님은 건축사로서의 사회적 책무를 몸소 보여 주신 스승이십니다. 지역사회에서 발생하는 사회 현안에 대한 직접 참여하고, 문제를 제기하며 공공건축가의 역할을 꾸준히 수행하시는 선배님은 저의 멘토이시기도 합니다.

끝으로 이러한 설계 작업들이 가능하도록 설계를 의뢰하신 건축주들에게 감사의 말씀을 드려야 할 것 같습니다. 소중한 인연의 결과로 탄생한 『설계기록』을 감사한 마을을 담아 전합니다.

보다 나은 미래를 위해, 더 나은 삶을 위해 든든한 파트너로서 역할을 다할 것을 약속드립니다.

(주)유엔에이건축사사무소 대표 **박재영**

발간사

어느 문인이 작곡가에게 "당신은 음표 몇 개로 그렇게 훌륭한 노래를 만드는 것을 보니 정말 대단하십니다"라고 하였다고 합니다. 반면 작곡가는 작가에게 "당신은 자모음 24개로 이렇게 훌륭한 문학작품을 만드는 것을 보니 더 훌륭하십니다"라고 대답하였다고 합니다. 이 대화는 약속된 기호를 통해 작품을 만들어 내는 창작과정을 비유적으로 이야기한 것입니다.

건축 과정도 이처럼 작곡을 하거나 문학을 하는 것처럼 부호를 통해 표현하는 창작 과정을 거칩니다. 건축 과정은 기본계획 및 설계를 거쳐, 인허가를 받고나서 뼈대를 세우고 마감 등의 공정을 통해 최종 완성됩니다. 건축을 파악한다는 것은 완성된 상태뿐만 아니라, 이러한 과정을 통틀어 보아야 제대로 이해할 수 있습니다.

건축설계도는 건축물의 생산을 위한 자료로 만들어지지만, 시간성을 가지고 보면 기록으로서의 가치를 지니고 있습니다. 건축 자료를 설계과정에 맞추어 기록하면 '설계기록'이 됩니다.

『설계기록』은 창원지역을 기반으로 활동하는 ㈜유엔에이건축사사무소에서 최근 30년간 수행한 설계 작업들을 사진 위주로 정리한 자료집입니다. 건축설계도는 시공을 위한 업무문서로서 레코드(Record)라는 의미로 사용되며, 건축과정을 거쳐 정리된 기록정보는 도큐멘트(Document)가 됩니다. 이 기록정보가 사료적 가치를 지니게 되면 기록물인 '아카이브(Archives)'로 가치가 상승됩니다.

건축사가 작성한 설계도는 문서로서 1차적 가치를 가지며, 시간이 지난 후 2차적 가치를 지니기 위해서는 분류, 정리를 통해 기록화 과정이 필요합니다. 이번 『설계기록』은 그러한 작업의 시작점에 해당합니다.

㈜유엔에이건축은 지역을 기반으로 활동하는 건축설계집단입니다. 그간 설계 작업한 건축물들을 시기별로 용도별로 분류해 정리하여 이 한권의 책에 담았습니다. 이러한 기록들이 지역적 단위를 두고 지속적으로 축적된다면 '지역건축사'로서의 가치도 가지게 될 것이라 생각합니다.

이러한 건축기록 자료들이 여러 설계집단에서, 그리고 후속적으로 연결되어 반듯한 '地域建築史'로 정립되기를 희망해 봅니다.

㈜유엔에이건축은 격변하는 건축계의 흐름 속에서 지역의 건축설계집단으로서 처음 건축을 시작했을 때의 자세를 잃지 않고 묵묵히 앞만 보고 걸어갈 것입니다.

좋은 환경, 좋은 도시, 좋은 건축을 향하여!

(사)한국건축가협회 회장 **천의영**

추천사

건축가 신삼호와는 남다른 특별한 인연이 있다.

1990년대 말 미국에서 돌아와 그리 오래 지나지 않아서 새로 생긴 잡지의 젊은 건축가 비평에 참여하였는데 그때 처음으로 만났다. 함께 만나 완성된 작품과 도면을 보고 늦게까지 토론도 하고 거나하게 취하기도 하며 그의 집에서 숙박까지 한 인연이 있다. 워낙 사람 됨이 호인이고 친근하게 대해주어서 약간의 나이 차이에도 불구하고 그 이후로 오랫동안 연락을 주고받으며 친구처럼 지내왔다.

개인적으로는 가끔 방배동 건축 학회 쪽으로 갈 때면 그의 이름이 쓰여있는 아파트 단지의 커다란 이름표를 보면서 그를 떠올리기도 한다.

시간이 많이 지난 일이어서 기억이 흐릿하지만, 이때 슬라이드 사진처럼 기억에 오래 남았던 것은 "창원대로"라는 도로의 표지판이었다. 지역의 건축 문제를 고민하며 이야기 하던 때인데 차를 타고 가며 우연히 보인 도로 표지판을 보니 창원의 문제는 '창원(의 방식)대로' 이해해야 한다는 생각이 혜성처럼 뇌리에 스쳐 갔다.

지역 건축의 여러 문제는 그때부터 지금까지 아직도 진행형이다. 지역에서 건축설계를 지속하고 있는 건축가의 작업을 보며 새삼 젊은 날의 호기를 버리고 겸손해야겠다고 다짐하게 된다. '설계 기록'에 보이는 용호 상업지역 문화의 거리나 용호동 일대의 상업시설들을 보면 건축의 현실에 직면하여 나름의 노력을 기울이는 건축가의 모습이 겹쳐 보인다.

경남 발전 연구원, 창원 청소년 생태 체험 정보 센터 등 공공건축물들을 보면 작은 부분이라도 특화해서 새로운 디자인을 추구해 온 건축가의 열정이 돋보인다. 공사 기간, 공사비 등 어려운 여건 속에도 나름의 작품을 만들어 내려는 그의 작업에 갈채를 보내고 싶다.

단독주택으로 넘어가니 그의 끼와 실력이 더욱 빛나는 듯하다. 늘 그러하듯 여러 가지 예산상 공기상 공법상 어려운 제약들이 있었다는 것을 한눈에 짐작할 수 있지만 다양한 분투를 통해 건물의 완성도를 높이려고 고민한 흔적들이 보인다. 어쩌면 지역 건축의 현실과 모순에 맞서 직면해 온 건축가의 모습이 투영된 분신일지도 모르겠다.

그가 꿈꾸는 디자인 욕망은 지난 설계 공모전들을 보면 잘 드러나 있다. 물론 이들을 현실화하는 과정을 자세히 살펴보지는 못했지만, 그의 디자인 필살기는 이곳저곳에서 발견할 수 있다. 1996년 '함안군보건소'를 필두로 2022년 '스마트 산림 바이오 혁신거점센터'까지 무려 48개의 현상 작업에 참여하였고 이 중 약 20여 개의 프로젝트가 당선되었다고 하니 놀라울 따름이다. 초기의 낮은 승률의 현상설계에서 후기로 갈수록 점차 요령이 생겨 높아진 승률을 확인할 수 있다. 새삼 반가운 일이기도 하다.

아무쪼록 지난 30년간의 작업기록을 정리하면서 자신의 '설계기록'으로 남기려는 신삼호 건축가의 노력들은 새삼 존경스럽기도 하고 한편으로는 부럽기도 하다. 조용히 작업들을 정리하고 일권의 책으로 남기려는 건축가에게 큰 박수와 함께 '우리 모두 당신을 기억하고 있다'고 말해주고 싶다.

Contents

발간사 005
추천사 009

01 준공건축물
　업무 및 중규모 근린생활시설　015
　근린생활시설　059
　교육연구시설　089
　공공업무 및 근린공공시설　117
　단독 및 공동주택　151
　의료, 종교, 기타시설　173

02 현상설계 공모
　현상설계 출품안　192
　출품 및 입상연표　233

03 계획안 및 모형·스케치
　일반건축 계획안　237
　모형 및 스케치　255

04 건축물 목록
　용도별 건축연표　276
　지역별 건축연표　286

05 현황
　건축대상제 수상 건축물　290
　사무소 연혁　290
　함께하는 사람들　291

01
준공건축물

· 업무 및 중규모 근린생활시설

· 근린생활시설

· 교육연구시설

· 공공업무 및 근린공공시설

· 단독 및 공동주택

· 의료, 종교, 기타시설

사림동 협성루에나	신항센텀빌딩	상남동 K빌딩	구. 태양극장 리모델링
사림동 활기찬정형외과	김해 리버애비뉴	석동 H빌딩	상남동 H빌딩
상남동 세종M필드빌딩	현동 성원빌딩	성주동 성주빌딩	팔용동 미래웨딩캐슬
사림동 시그니처 M빌딩	충무공동 다인프라자	상남동 SH빌딩	팔용동 한미코보스텔
율하 에이원프라자	서울정형외과	대방동 무궁화빌딩Ⅱ	대청동 굿모닝빌딩
사림동 미래리움2	봉곡동 MVG빌딩	성주동 성산빌딩	합성동 CGV마산 리모델링
김해 센텀프라자	가음정 중온빌딩	팔용동 명빌딩	상남동 재성빌딩
김해 에이스프라자	가음정빌딩	상남동 무궁화빌딩	상남동 하나빌딩
중앙동 한서빌딩	성주동 골프빌딩	상남동 서울메디컬	상남동 타임빌딩
사림동 미래리움1	성주동 미래빌딩	용원 코지존	거제 윤석빌딩

| 업무 및 중규모 근린생활시설 |

시그니처 M 빌딩

주소   창원시 의창구 사림동 162-4
규모   지하 4층 / 지상 9층
연면적 12,840.23㎡
설계   박재영
준공   2021. 01.

제8회 창원시 건축대상제(2021년 금상)

사림동 협성루에나

주소 창원시 의창구 사림동 162-6
규모 지하 3층 / 지상 9층
연면적 12,199.57㎡
설계 박재영
준공 2022. 11.

사림동 활기찬정형외과

주소	창원시 의창구 사림동 166-1
규모	지하 2층 / 지상 7층
연면적	3,906.49㎡
설계	박재영
준공	2021. 03.

상남동 세종M필드빌딩

주소   창원시 성산구 상남동 7-2
규모   지하 3층 / 지상 10층
연면적 17,228.20㎡
설계   박재영
준공   2021. 02.

율하 에이원프라자

주소   김해시 장유동 826-3
규모   지하 2층 / 지상 8층
연면적   9,491.78㎡
설계   박재영
준공   2020. 10.

사림동 미래리움2

주소   창원시 의창구 사림동 162-7
규모   지하 3층 / 지상 10층
연면적   14,088.54㎡
설계   신삼호
준공   2019. 06.

김해 센텀프라자

주소   김해시 주촌면 선지리 1510-6
규모   지하 2층 / 지상 6층
연면적   3,564.16㎡
설계   박재영
준공   2019. 06.

김해 에이스프라자

주소   김해시 주촌면 선지리 1520-3
규모   지하 2층 / 지상 6층
연면적 5,282.38㎡
설계   박재영
준공   2019. 06.

중앙동 한서빌딩

주소 창원시 성산구 중앙동 89-4
규모 지하 1층 / 지상 12층
연면적 5,377.51㎡
설계 박재영
준공 2019. 04.

사림동 미래리움1

주소 창원시 의창구 사림동 162-5
규모 지하 3층 / 지상 10층
연면적 11,901.06㎡
설계 신삼호
준공 2018. 07.

신항센텀빌딩

주소	창원시 진해구 용원동 1345-2
규모	지하 2층 / 지상 6층
연면적	6,468.28㎡
설계	신삼호
준공	2017. 11.
사진	박근재

김해 리버에비뉴

주소   김해시 외동 1262-2
규모   지하 2층 / 지상 8층
연면적 7,644.43㎡
설계   신삼호
준공   2017. 08.
사진   박근재

현동 성원빌딩

주소   창원시 마산합포구 현동 370
규모   지하 2층 / 지상 6층
연면적 6,556.98㎡
설계   신삼호
준공   2017. 04.

충무공동 다인프라자

주소   진주시 문산읍 충무공동 289-1
규모   지하 3층 / 지상 9층
연면적 10,261.54㎡
설계   신삼호
준공   2017. 02.

서울정형외과

주소	창원시 마산합포구 중앙동3가 2-2 외 1필지
규모	지하 1층 / 지상 8층
연면적	3,191.94㎡
설계	신삼호
준공	2016. 12.

봉곡동 MVG빌딩

주소   창원시 의창구 봉곡동 35-12
규모   지하 2층 / 지상 9층
연면적 3,338.33㎡
설계   신삼호
준공   2015. 07.

가음정 중온빌딩

주소　창원시 성산구 가음동 7-1
규모　지하 2층 / 지상 6층
연면적　4,929.61㎡
설계　신삼호
준공　2015. 04.

가음정빌딩

주소 　창원시 성산구 자음동 7-3
규모 　지하 2층 / 지상 6층
연면적 　4,887.75㎡
설계 　신삼호
준공 　2014. 11.

성주동 골프빌딩

주소   창원시 성산구 성주동 163-2
규모   지하 2층 / 지상 6층
연면적 4,785.02㎡
설계   신삼호
준공   2014. 04.

성주동 미래빌딩

주소   창원시 성산구 성주동 163-3
규모   지하 2층 / 지상 6층
연면적   4,785.02㎡
설계   신삼호
준공   2014. 04.

상남동 K빌딩

주소   창원시 성산구 상남동 22-7
규모   지하 1층 / 지상 9층
연면적 5,682.91㎡
설계   신삼호
준공   2014. 03.

석동 H빌딩

주소   창원시 진해구 석동 513-2
규모   지하 2층 / 지상 6층
연면적   9,062.32㎡
설계   신삼호
준공   2014. 02.

성주동 성주빌딩

주소 창원시 성산구 성주동 127
규모 지하 2층 / 지상 6층
연면적 6,105.33㎡
설계 신삼호
준공 2013. 04.

상남동 SH빌딩

주소   창원시 성산구 상남동 10-1
규모   지하 2층 / 지상 11층
연면적 6,308.37㎡
설계   신삼호
준공   2011. 11.

대방동 무궁화빌딩 Ⅱ

주소 창원시 성산구 대방동 362-1
규모 지하 2층 / 지상 7층
연면적 2,590.12㎡
설계 임학만
준공 2010. 11.

성주동 성산빌딩

주소 　창원시 성산구 성주동 124
규모 　지하 2층 / 지상 6층
연면적 　6,324.49㎡
설계 　임학만
준공 　2010. 8.

팔용동 명빌딩

주소	창원시 의창구 팔룡동 34-11
규모	지하 3층 / 지상 13층
연면적	10,033.55㎡
설계	임학만
준공	2008. 10.

상남동 무궁화빌딩 I

주소 창원시 성산구 상남동 13-6
규모 지하 2층 / 지상 7층
연면적 3,827.02㎡
설계 임학만
준공 2007. 10.

상남동 서울메디컬

주소   창원시 성산구 상남동 34-1
규모   지하 1층 / 지상 6층
연면적   2,610.26㎡
설계   임학만
준공   2007. 09.

용원 코지존

주소　창원시 진해구 용원동 1214-2
규모　지하 1층 / 지상 6층
연면적　2,487.26㎡
설계　신삼호
준공　2007. 09.

구. 태양극장 리모델링

주소   창원시 마산합포구 상남동 100-3 외 2필지
규모   지하 1층 / 지상 8층
연면적 5,211.11㎡
설계   신삼호
준공   2007. 03.

상남동 H빌딩

주소 창원시 성산구 상남동 13-5
규모 지하 2층 / 지상 7층
연면적 3,814.87㎡
설계 임학만
준공 2006. 06.

팔용동 미래웨딩캐슬

주소	창원시 의창구 팔용동 34-10
규모	지하 4층 / 지상 6층
연면적	15,762.33㎡
설계	임학만
준공	2005. 06.

팔용동 한미코보스텔

주소   창원시 의창구 팔룡동 31-2
규모   지하 2층 / 지상 9층
연면적 5,597.38㎡
설계   임학만
준공   2004. 01.

대청동 굿모닝빌딩

주소　김해시 대청동 59-5
규모　지하 2층 / 지상 10층
연면적　6,148.15㎡
설계　임학만
준공　2004. 01.

합성동 CGV마산 리모델링

주소   창원시 마산회원구 합성동 126-4
        외 1필지
규모   지하 6층 / 지상 13층
연면적 24,200.54㎡
설계   신삼호
준공   2003. 10.

상남동 재성빌딩

주소 창원시 성산구 상남동 31-1
규모 지하 1층 / 지상 7층
연면적 3,176.66㎡
설계 임학만
준공 2003. 03.

상남동 하나빌딩

주소   창원시 성산구 상남동 34-7
규모   지하 2층 / 지상 8층
연면적 3,237.75㎡
설계   임학만
준공   2003. 02.

상남동 타임빌딩

주소   창원시 성산구 상남동 17-9
규모   지하 1층 / 지상 8층
연면적 2,787.22㎡
설계   임학만
준공   2003. 01.

거제 윤석빌딩

주소   경남 거제시 고현동 967
규모   지상 6층
연면적 2,864.65㎡
설계   신삼호
준공   2002. 11.

한국화낙 증축	신포동 한국아울렛	진영영프라자빌딩
신월동 커피산	아세아정형외과 리모델링	호계리 삼보빌딩
창원식자재마트	관동동 근린생활시설	석동 벚꽃메디칼센타
상남동 할리스커피	관동동 근린생활시설	중앙동 필플라워
사림동 미래드림빌딩	운서리 근린생활시설	오동동 숙박시설
상남동 준성빌딩	관동동 투썸플레이스	산호동 윤한의원 리모델링
진해 자은빌딩	율하 에코빌딩	석전동 박정형외과
대방동 지에스상가	관동동 J파크프라자	교방동 근린생활시설
현동 주상가	이강갤러리	
마창환경운동연합	T-Station 마산양덕점	

| 근린생활시설 |

신월동 커피산

주소   창원시 마산합포구 신월동 산28-2
규모   지하1층 / 지상4층
연면적 998.99㎡
설계   신삼호
준공   2021. 06.

한국화낙 증축

주소 창원시 성산구 웅남동 39
규모 지상 3층
연면적 1,698.58㎡
설계 박재영
준공 2022. 06.

창원식자재마트

주소   창원시 마산합포구 산호동 322-2
규모   지상 2층
연면적 1,655.88㎡
설계   신삼호
준공   2019. 02.

상남동 할리스커피

주소 창원시 성산구 상남동 18-9
규모 지상 3층
연면적 602.37㎡
설계 신삼호
준공 2018. 09.

사림동 미래드림빌딩

주소   창원시 의창구 사림동 166-9 외 1필지
규모   지하 2층 / 지상 5층
연면적   6,646.42㎡
설계   신삼호
준공   2018. 07.

상남동 준성빌딩

주소 　창원시 마산합포구 223-1 외 1필지
규모 　지상 2층
연면적 　165.23㎡
설계 　신삼호
준공 　2017. 02.

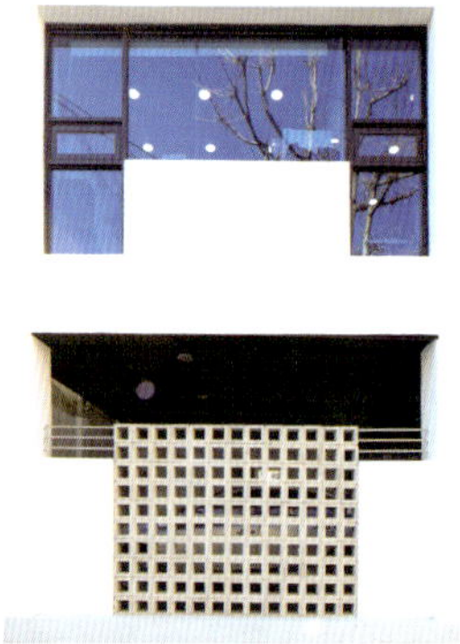

진해 자은빌딩

주소   창원시 진해구 자은동 135-2
규모   지하 3층 / 지상 5층
연면적 6,634.56㎡
설계   신삼호
준공   2017. 12.

대방동 지에스상가

주소   창원시 성산구 대방동 362-9
규모   지상 2층
연면적   562.33㎡
설계   신삼호
준공   2016. 11.

현동 주상가

주소	창원시 마산합포구 현동 377
규모	지하 2층 / 지상 5층
연면적	14,383.20㎡
설계	신삼호
준공	2015. 11.

마창환경운동연합

주소	창원시 마산회원구 구암동 1349-12
규모	지상 2층
연면적	136.67㎡
설계	신삼호
준공	2014. 12.

신포동 한국아울렛

주소   창원시 마산합포구 신포동 2가 86-2 외 12필지
규모   지상 2층
연면적 2,961.20㎡
설계   신삼호
준공   2014. 11.

아세아정형외과 리모델링

주소 창원시 마산회원구 합성동 100-6
규모 지하 1층 / 지상 4층
연면적 1,289.54㎡
설계 신삼호
준공 2014. 07.

관동동 근린생활시설

주소	김해시 관동동 1063-6
규모	지상 3층
연면적	425.76㎡
설계	신삼호
준공	2013. 10.

운서리 근린생활시설

주소　경남 함안군 운서리 1033-1
규모　지상 3층
연면적　476.85㎡
설계　신삼호
준공　2013. 10.

관동동 투썸플레이스

주소 김해시 관동동 1067-3
규모 지상 3층
연면적 765.49㎡
설계 신삼호
준공 2012. 10.

율하 에코빌딩

주소   김해시 율하동 1346-2
규모   지하 1층 / 지상 5층
연면적 1,939.69㎡
설계   신삼호
준공   2011. 10.

관동동 J파크프라자

주소   김해시 관동동 449-6
규모   지하 1층 / 지상 5층
연면적 2,670.37㎡
설계   임학만
준공   2010. 12.

이강갤러리

주소	창원시 의창구 용호동 17-16
규모	지상 2층
연면적	274.29㎡
설계	임학만
준공	2009. 10.

창원시 친환경 건축대상제 (2009년 입선)

T-Station 마산양덕점

주소 창원시 마산회원구 양덕동 54-7
규모 지상 2층
연면적 451.98㎡
설계 신삼호
준공 2008. 05.

진영영프라자빌딩

주소	김해시 진영읍 진영리 1621-12
규모	지상 4층
연면적	1,025.94㎡
설계	신삼호
준공	2008. 03.

호계리 삼보빌딩

주소 　창원시 마산회원구 내서읍 호계리 790-224
규모 　지상 5층
연면적 　1,081.50㎡
설계 　신삼호
준공 　2004. 04.

석동 벚꽃메디컬센터

주소 창원시 진해구 석동 663-7
규모 지하 1층 / 지상 5층
연면적 3,465.20㎡
설계 신삼호
준공 2004. 01.

중앙동 필플라워

주소   창원시 성산구 중앙동 48-14
규모   지하 1층 / 지상 2층
연면적   485.17㎡
설계   임학만
준공   2003. 08.

창원시 건축대상제 (2004년 금상)

오동동 숙박시설

주소 창원시 마산합포구 오동동 149-75
규모 지상 4층
연면적 1,106.06㎡
설계 신삼호
준공 2000. 09.

산호동 윤한의원 리모델링

주소   창원시 마산합포구 산호동 25-4 외 1필지
규모   지하 1층 / 지상 5층
연면적   1,615.70㎡
설계   신삼호
준공   1999. 12.

석전동 박정형외과

주소 창원시 마산회원구 석전동 261-10
규모 지하 1층 / 지상 5층
연면적 1,788.22㎡
설계 신삼호+박재근
준공 1999. 12.

교방동 근린생활시설

주소	창원시 마산합포구 교방동 373-7
규모	지상 3층
연면적	290.51㎡
설계	신삼호
준공	1996. 12.

| 교육연구시설 |

양산 가촌초등학교

주소 양산시 물금읍 가촌리 1273-2
규모 지하 1층 / 지상 4층
연면적 12,238.13㎡
설계 신삼호
준공 2020. 03.

마산대 식품과학관 리모델링

주소   창원시 마산회원구 내서읍 용담리 181-1 외 28필지
규모   지상 1층
연면적 1,045.20㎡
설계   신삼호
준공   2021. 03.

진해신항중학교

주소   창원시 진해구 용원동 1338-1
규모   지상 5층
연면적   11,474.31㎡
설계   신삼호
준공   2019. 02.

양산물금중학교

주소   양산시 물금읍 가촌리 1272-12
규모   지하 1층 / 지상 5층
연면적 13,172.56㎡
설계   신삼호+조현석(ING)
준공   2018. 01.

마산대 미래관

주소   창원시 마산회원구 내서읍 용담리
           181-1 외 28필지
규모   지하 3층 / 지상 7층
연면적   18,942.59㎡
설계   신삼호
준공   2014. 06.

창원시 건축대상제 (2014년 금상)

마산대 기숙사

주소   창원시 마산회원구 내서읍 용담리 181-1 외 28필지
규모   지하 3층 / 지상 12층
연면적 23,921.52㎡
설계   신삼호
준공   2014. 06.

경상남도 교육종합복지관

주소   경남 고성군 회화면 당항리 산 9-1
　　　　외 3필지
규모   지하 1층 / 지상 6층
연면적 7,484.42㎡
설계   신삼호
준공   2012. 03.

낙동강학생수련원

주소　김해시 생림면 생철리 13 외 5필지
규모　지상 3층
연면적　8,043.35㎡
설계　신삼호
준공　2009. 04.

김해시 건축대상제 (2009년 우수상)

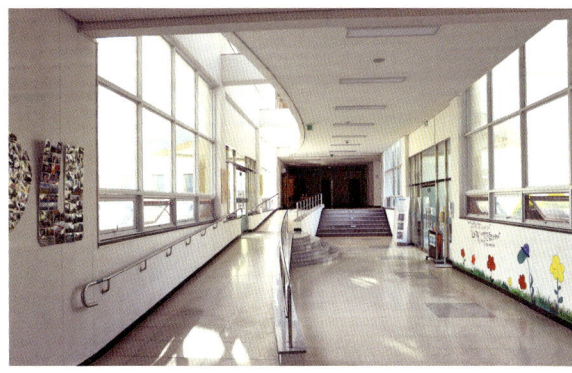

토월중학교 체육관

주소 　창원시 성산구 신월동 92
규모 　지상 3층
연면적 　1,808.41㎡
설계 　신삼호
준공 　2008. 03.

북면 온천초등학교 체육관

주소 　창원시 의창구 북면 신촌리 612-2
규모 　지상 2층
연면적 　887.49㎡
설계 　신삼호
준공 　2008. 03.

김해봉황초등학교

주소   김해시 전하동 518
규모   지하 1층 / 지상 5층
연면적 9,132.47㎡
설계   신삼호
준공   2006. 04.

김해시 건축대상제 (2006년 금상)

창원대 국제교류원

주소 창원시 의창구 퇴촌동 169
규모 지하 1층 / 지상 3층
연면적 3,006.10㎡
설계 허정도(서진)+신삼호
준공 2005. 03.
사진 박근재

김해 화정초등학교

주소 김해시 삼계동 1438-2
규모 지하 1층 / 지상 4층
연면적 11,176.40㎡
설계 신삼호
준공 2003. 09.

김해 가야고등학교

주소   김해시 내동 1146-4
규모   지상 4층
연면적 10,404.59㎡
설계   신삼호
준공   1996. 11.

| 합성2동 팔용경로당 | 합천도예체험관 | 경남연구원수장고 함안분원 |

| 신촌 경로당 | 진해청소년전당 | 창원청소년생태체험정보센터 |

| 중동 패총전시관 | 봉림청소년수련관 | 경남발전연구원 |

| 팔용동 수소충전소 | 진해군항마을역사관 | 죽암마을회관 |

| 산청군 통합관제센터 | 창원문화원 | 월영동행정복지센터 |

| 오동동문화광장 | 삼정자 경로당 |

| 오동동 평화의 소녀상 부대시설 | 양산국유림관리소 |

| 부대시설 | 칠곡군 산림조합 |

| 탄소제로하우스 | 시립용지동어린이집 |

| 구암 119센터 | 용호상업지역 문화의거리 |

| 공공업무 및 근린공공시설 |

합성2동 팔용경로당

주소	창원시 마산회원구 합성동 207-13
규모	지상 1층
연면적	108.23㎡
설계	신삼호
준공	2022. 10.

신촌 경로당

주소 창원시 성산구 신촌동 12-10
규모 지상1층
연면적 111.21㎡
설계 신삼호
준공 2021. 09.

중동 패총전시관

주소   창원시 의창구 중동 중앙공원지구
규모   지상 1층
연면적 169.00㎡
설계   신삼호
준공   2019. 06.

팔용동 수소충전소

주소   창원시 의창구 팔용동 210-2
규모   지상 1층
연면적 380.17㎡
설계   신삼호
준공   2017. 03.
사진   박근재

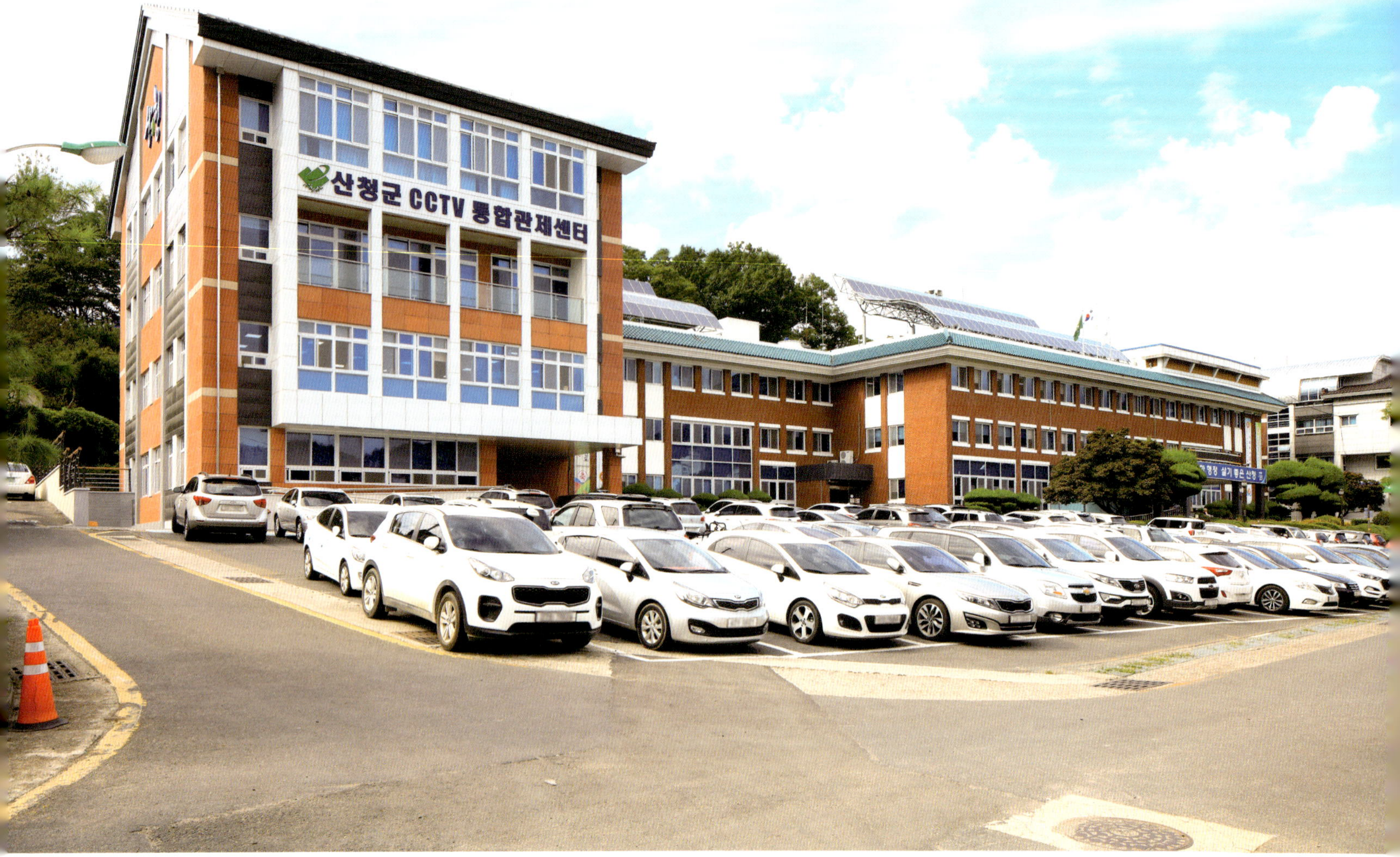
산청군 CCTV 통합관제센터

산청군 CCTV 통합관제센터

산청군 CCTV 통합관제센터

산청군 CCTV 통합관제센터

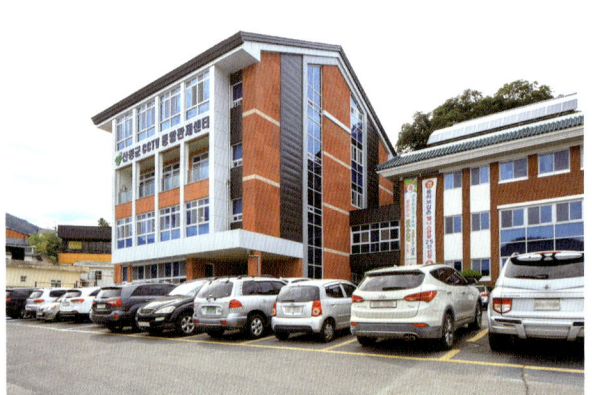

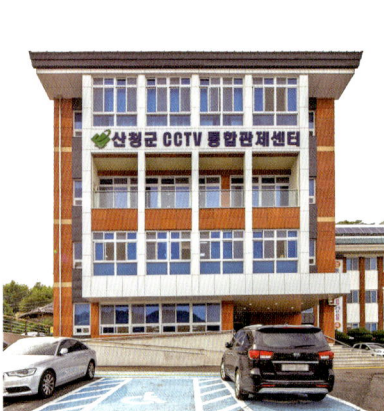

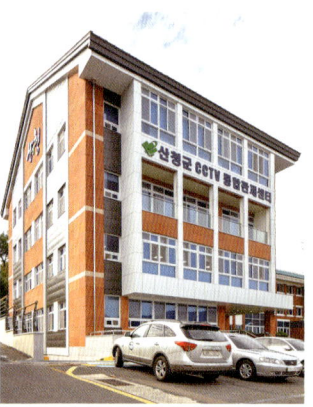

산청군 통합관제센터

주소 경남 산청군 산청읍 옥산리 465-3
규모 지하 1층 / 지상 5층
연면적 2,205.18㎡
설계 신삼호
준공 2017. 02.
사진 박근재

오동동 문화광장

주소	창원시 마산합포구 동성동177-1
규모	지하 1층 / 지상 1층
연면적	2,642.53㎡
설계	신삼호+양종윤(범한)
준공	2016. 11.
사진	박근재

오동동 평화의 소녀상 부대시설

주소　창원시 마산합포구 동성동 164-2
설계　신삼호
준공　2016. 11.

탄소제로하우스

주소	창원시 성산구 용지동 551-1 용지공원내
규모	지상 1층
연면적	150.90㎡
설계	신삼호
준공	2014. 09.
사진	박근재

창원시 건축대상제 (2014년 특별상)

구암119센터

- **주소** 창원시 마산회원구 구암동
  산 117-1 외 3필지
- **규모** 지상 3층
- **연면적** 862.96㎡
- **설계** 신삼호
- **준공** 2014. 08.

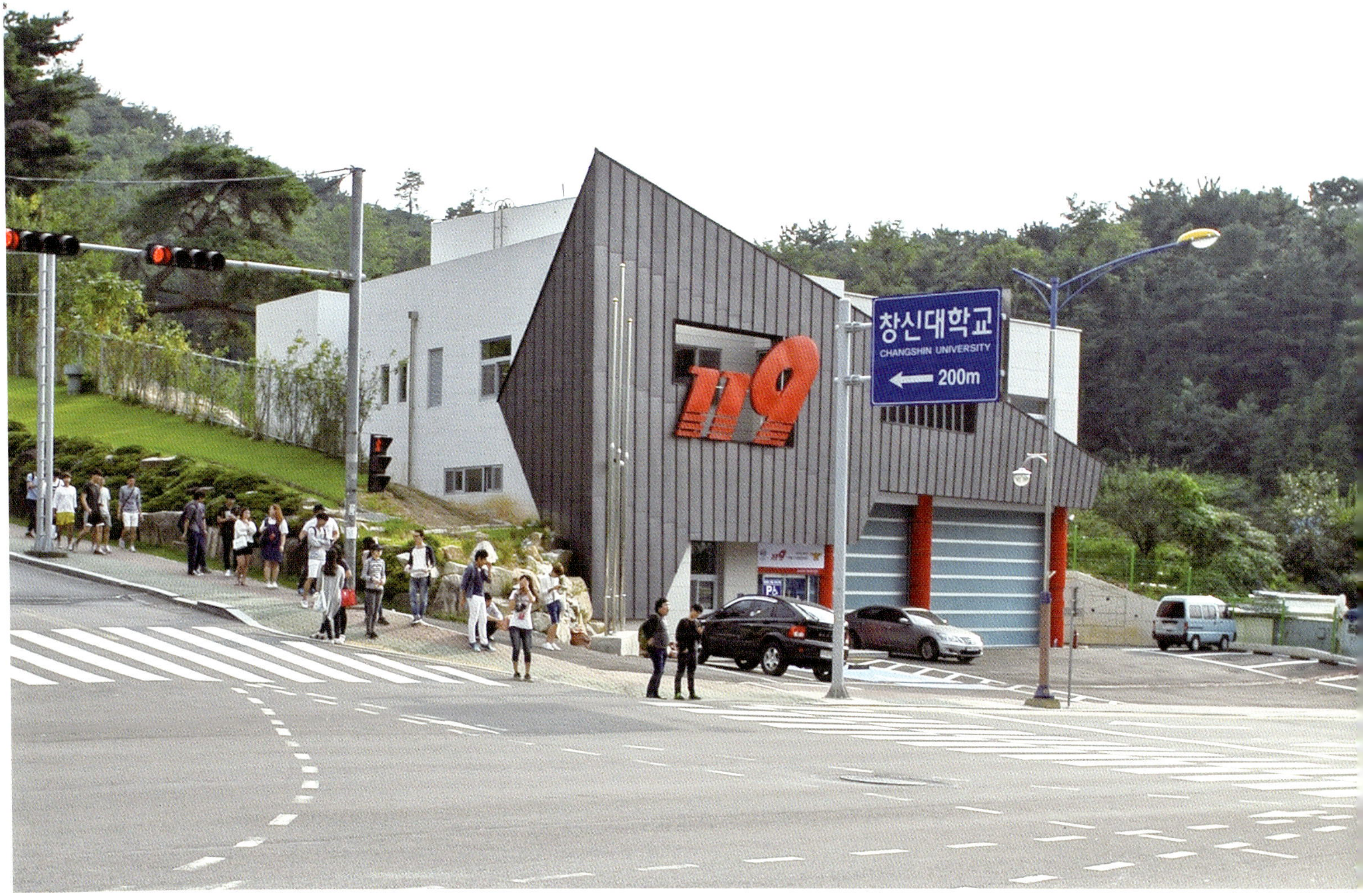
119
창신대학교
CHANGSHIN UNIVERSITY
← 200m

119

119

마산소방서 구암119안전센터 신축공사
119

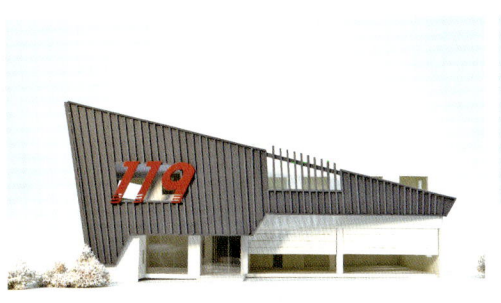

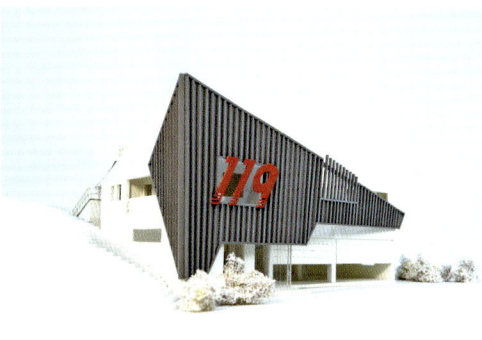

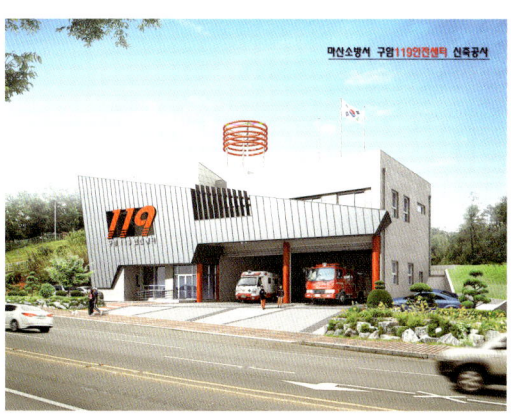

합천도예체험관

주소   경남 합천군 가야면 야천리 943 외 82필지
규모   지상 2층
연면적 494.18㎡
설계   신삼호
준공   2017. 03.

진해청소년전당

주소	창원시 진해구 중평동 4-1 외 3필지
규모	지하 1층 / 지상 5층
연면적	4,870.98㎡
설계	신삼호
준공	2013. 09.
사진	박근재

창원시 건축대상제 (2013년 대상)

133

봉림청소년수련관

주소 창원시 의창구 봉림동 246-5 외 1필지
규모 지하 2층 / 지상 2층
연면적 2,119.15㎡
설계 신삼호
준공 2013. 08.

진해군항마을역사관

주소 창원시 진해구 대천동 2-9
규모 지상 2층
연면적 157.4㎡
설계 신삼호
준공 2012. 05.

창원문화원

주소   창원시 의창구 용호동 62-2
규모   지하 2층 / 지상 4층
연면적 4,424.41㎡
설계   신삼호
준공   2012. 02.
사진   박근재

창원시 건축대상제 (2012년 동상)

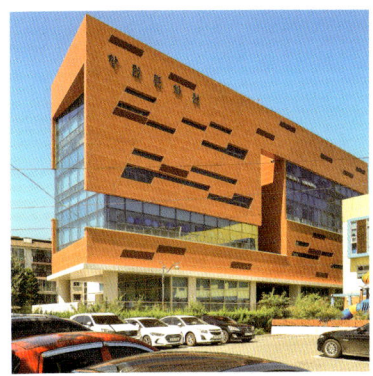

삼정자 경로당

주소   창원시 성산구 성주동 128-2
규모   지하 1층 / 지상 2층
연면적   384.09㎡
설계   신삼호
준공   2012. 02.

양산국유림관리소

주소	양산시 동면 석산리 1477-2
규모	지상 5층
연면적	1,235.53㎡
설계	신삼호
준공	2011. 03.

칠곡군 산림조합

주소 경북 칠곡군 왜관읍 왜관리 1490
규모 지상 4층
연면적 1,079.59㎡
설계 신삼호
준공 2011. 02.

창원시립 용지어린이집

주소	창원시 의창구 용호동 62-1
규모	지상 3층
연면적	599.80㎡
설계	임학만
준공	2010. 03.

용호상업지역 문화의 거리

주소   창원시 의창구 용호동 일대
설계   신삼호
준공   2009. 06.

경남연구원수장고 함안분원

주소   경남 함안군 군북면 하림리 213
규모   지상 2층
연면적   366.85㎡
설계   임학만
준공   2009. 04.

경남발전연구원

주소 창원시 의창구 용호동 5-1
규모 지하 2층 / 지상 5층
연면적 10,215.29㎡
설계 임학만, 신삼호
준공 2009. 06.
사진 박근재

창원시 친환경 건축대상제 (2009년 입선)

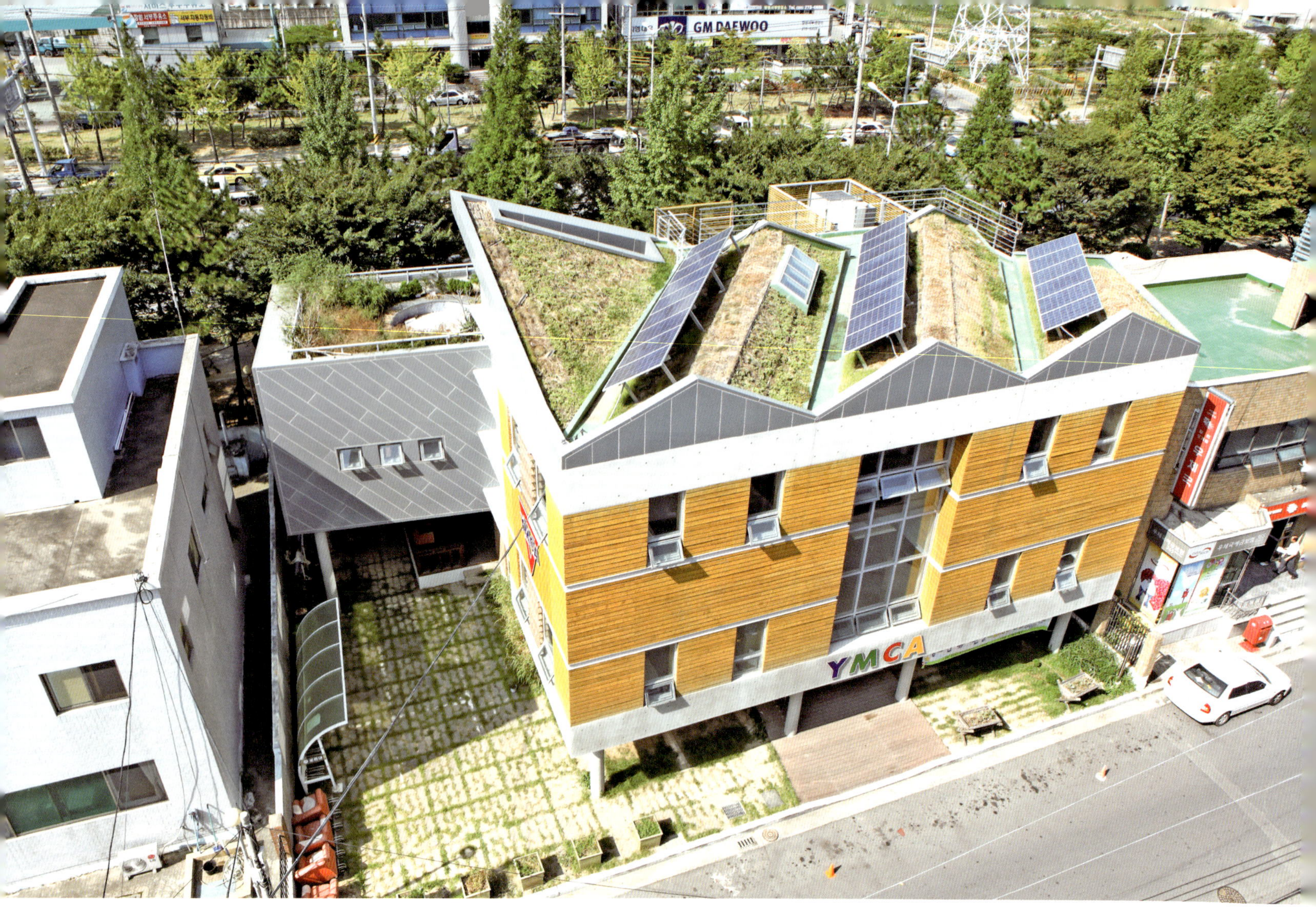
GM DAEWOO
YMCA

YMCA 회관의 친환경 계획
친환경 도료
천창(Skylight)
센서등
외부단열
태양광 발전시설
단열 창틀(Window Frame)
칩보드(Chip Board)
페어유리(Pair Glass)
재활용 보도블럭
아트리움(Atrium)
빗물이용 시설
재활용 에코블럭
친환경 소변기

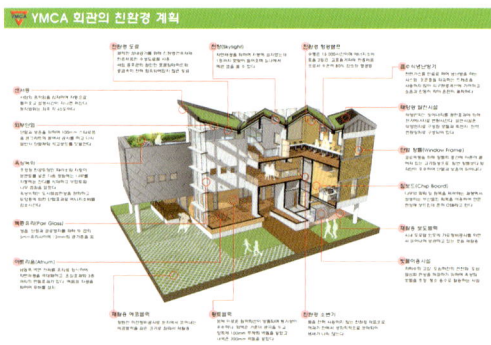

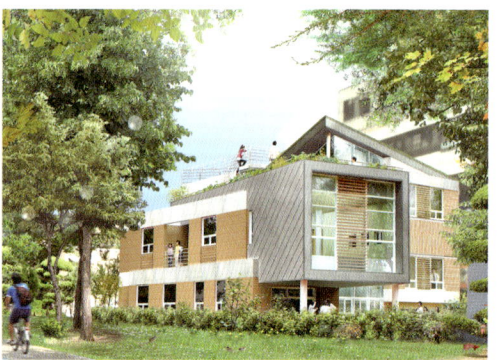

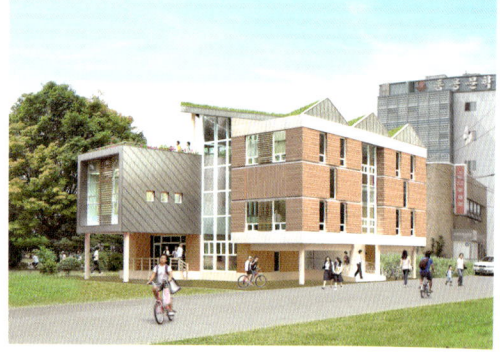

창원청소년생태체험정보센터

주소   창원시 의창구 도계동 886-4
규모   지하 1층 / 지상 3층
연면적 827.20㎡
설계   신삼호
준공   2008. 11.
사진   박근재

대한민국 생태환경 건축대상제
(2009년 우수상)

경상남도 건축대상제
(2009년 은상)

창원시 친환경 건축대상제
(2009년 대상)

죽암마을회관

주소	창원시 마산회원구 내서읍 중리 875 외 1필지
규모	지상 2층
연면적	252.10㎡
설계	신삼호
준공	2006. 01.

월영동행정복지센터

주소	창원시 마산합포구 해운동 14-15 외 2필지
규모	지하 1층 / 지상 3층
연면적	1,278.62㎡
설계	신삼호
준공	1994. 04.

대티리 주택

경화 베스티움아파트

반지동 주택

창원 STX기숙사

사림동 주택

진동 한일유앤아이아파트

베종드까사

중앙동 경동메르빌 2차아파트

용호동 K씨주택

자은동 더#아파트

대외동 다가구주택

회원동 삼성메르빌

창원롯데캐슬프리미어

이편한세상 창원센트럴파크(1단지)

이편한세상 창원센트럴파크(2단지)

창원롯데캐슬더퍼스트

| 단독 및 공동주택 |

베종드까사

주소	창원시 마산회원구 양덕동 48-7
규모	지상 3층
연면적	148.63㎡
설계	박재영+김학종
준공	2021. 08.

창원시 건축대상제 (2021년 동상)

2021년도 경상남도 우수주택

대티리 주택

주소   창원시 마산합포구 진북면 대티리 791
규모   지상 1층
연면적 99.27㎡
설계   박재영+심남낭
준공   2022. 09.

반지동 주택

주소 　창원시 의창구 반지동 72-15
규모 　지상 2층
연면적 　198.72㎡
설계 　박재영+권영민(문성대)
준공 　2022. 03.

2022년도 경상남도 우수주택

사림동 주택

주소 창원시 의창구 사림동 92-3
규모 지상 2층
연면적 199.68㎡
설계 신삼호
준공 2021. 12.

용호동 K씨주택

주소   창원시 의창구 용호동 23-14
규모   지하 1층 / 지상 2층
연면적   258.42㎡
설계   임학만
준공   2009. 07.

대외동 다가구주택

주소   창원시 마산합포구
         대외동 5-1
규모   지상 3층
연면적 240.84㎡
설계   신삼호
준공   2002. 01.

창원롯데캐슬프리미어

주소	창원시 마산합포구 교방동 525 외 2필지
규모	지하 2층 / 지상 25층
연면적	151,383.32㎡
설계	신삼호
준공	2020. 07.

이편한세상
창원센트럴파크(1단지)

주소　창원시 마산회원구 회원동 313
규모　지하 3층 / 지상 25층
연면적　42,219.99㎡
설계　신삼호+전중배(전건축)
준공　2020. 08.

이편한세상
창원센트럴파크(2단지)

주소   창원시 마산회원구 회원동 314
규모   지하 2층 / 지상 29층
연면적   137,452.51㎡
설계   신삼호+전중배(전건축)
준공   2020. 08.

창원롯데캐슬더퍼스트

주소	창원시 마산합포구 합성동 358
규모	지하 2층 / 지상 29층
연면적	169,118.18㎡
설계	신삼호
준공	2018. 07.
사진	박근재

경화 베스티움아파트

주소	창원시 진해구 경화동 1316
규모	지하 2층 / 지상 15층
연면적	42,927.69㎡
설계	신삼호
준공	2018. 12.

창원 STX기숙사

주소	창원시 성산구 중앙동 111-2
규모	지하 1층 / 지상 4층
연면적	8,406.60㎡
설계	신삼호
준공	2008. 09.

진동 한일유앤아이아파트

주소 　창원시 마산합포구 진동면 진동리 592
규모 　지하 3층 / 지상 15층
연면적 　146,302.15㎡
설계 　임학만
준공 　2008. 06.

한국경제신문 주거문화대상제 (2007년 종합대상)
마산시 건축대상제 (2009년 장려상)

중앙동 경동메르빌 2차 아파트

주소   창원시 마산합포구
　　　　중앙동2가 1-500
규모   지하 1층 / 지상 15층
연면적   29,597.29㎡
설계   신삼호
준공   2007. 01.

자은동 더샵아파트

주소 　 창원시 진해구 자은동 525-3
규모 　 지하 1층 / 지상 15층
연면적 　 55,110.78㎡
설계 　 임학만
준공 　 2005. 11.

회원동 삼성메르빌

주소   창원시 마산회원구 403-3
규모   지하 2층 / 지상 15층
연면적   14,073.70㎡
설계   신삼호
준공   2004. 12.

마산의료원 음압병동 증축　　　　포레나대원아파트 마을흔적관

새길동산요양병원　　　　창원남산효성헤링턴플레이스 마을흔적관

시립마산요양병원　　　　신세계백화점 마산점 주차동 증축

용원 세명병원　　　　부곡원탕고운호텔

함안군보건소

진동태봉병원

교방동 천국복음교회

창원은광교회

롯데캐슬 마을흔적관

| 의료, 종교, 기타 시설 |

마산의료원 음압병동 증축

주소   창원시 마산합포구 장군동4가 3-6
규모   지상 4층
연면적   1,283.41㎡
설계   권경실(명당)+신삼호
준공   2022. 12.

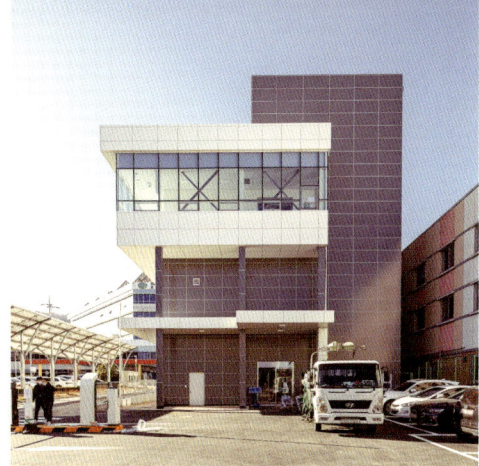

새길동산요양병원

주소	경남 함안군 대산면 옥렬리 1517-9
규모	지하 1층 / 지상 2층
연면적	1,542.69㎡
설계	신삼호
준공	2010. 02.

시립마산요양병원

주소   창원시 마산합포구 우산동 102-6
규모   지하 2층 / 지상 4층
연면적 6,363.36㎡
설계   신삼호
준공   2008. 10.

용원 세명병원

주소   창원시 진해구 용원동 1217-2
규모   지하 2층 / 지상 8층
연면적   4,933.85㎡
설계   임학만
준공   2006. 01.

함안군보건소

주소   경남 함안군 대산면 말산리 100 외 1필지
규모   지하 1층 / 지상 2층
연면적   3,698.98㎡
설계   신삼호
준공   1997. 12.
사진   박근재

진동태봉병원

주소	창원시 마산합포구 진동면 동전리 1434-5
규모	지하 2층 / 지상 5층
연면적	3,963.33㎡
설계	신삼호
준공	1996. 08.

마산천국복음교회

주소 창원시 마산합포구 교방동 196-16 외 6필지
규모 지상 4층
연면적 494.57㎡
설계 신삼호
준공 2019. 01.

창원은광교회

주소 창원시 성산구 상남동 58-1
규모 지상 3층
연면적 986.16㎡
설계 신삼호
준공 2001. 12.

롯데캐슬 마을흔적관

주소 　창원시 마산합포구 교방동 525
규모 　지하 1층
연면적 　114.64㎡
설계 　신삼호
준공 　2020. 07.

포레나대원아파트 마을흔적관

주소   창원시 성산구 대원동 40
규모   지하 1층
연면적 168.79㎡
설계   신삼호
준공   2018. 12.

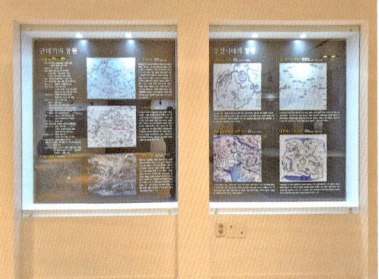

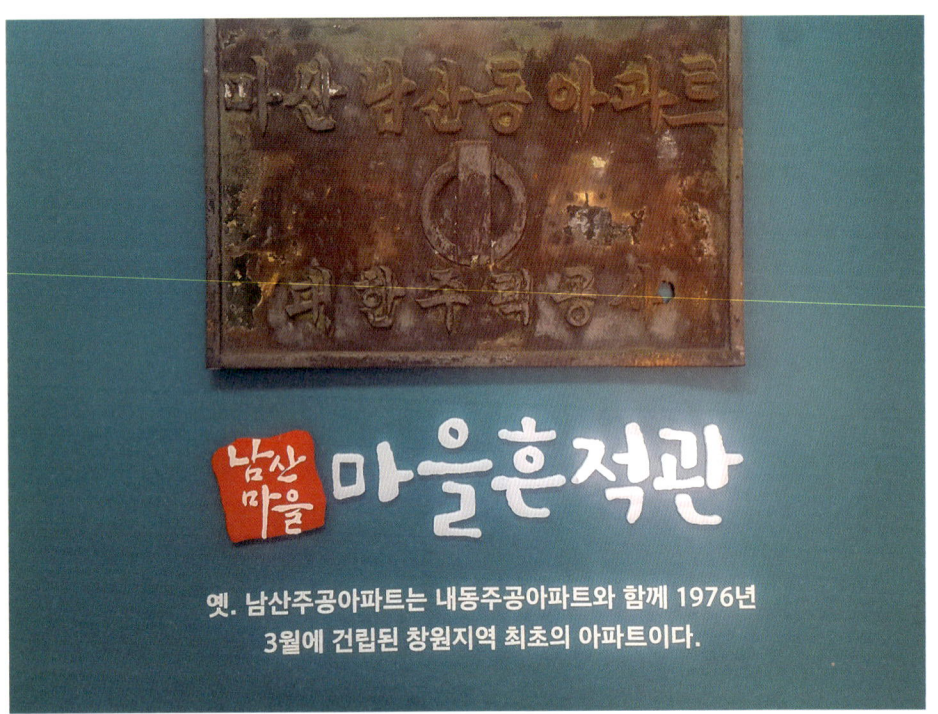

창원남산효성헤링턴플레이스 마을흔적관

주소 창원시 성산구 남산동 601-26
규모 지상 1층
연면적 89.95㎡
설계 신삼호
준공 2018. 06.

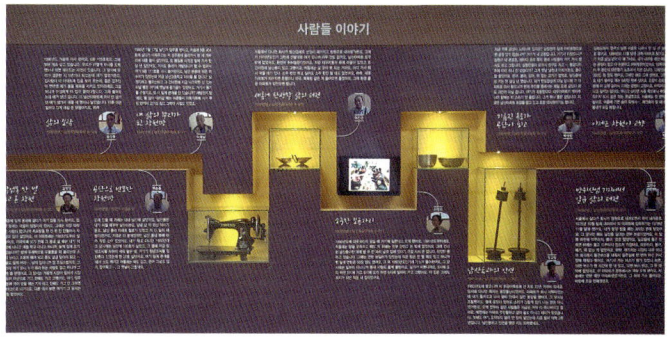

신세계백화점 마산점 주차동 증축

주소	창원시 마산합포구 산호동 10-3
규모	지상 6층
연면적	2,588.9㎡
설계	신삼호
준공	2001. 12.

부곡원탕고운호텔

주소 경남 창녕군 부곡면
     거문리 217-11 외 6필지
규모 지하 2층 / 지상 5층
연면적 2,838.72㎡
설계 신삼호
준공 1996. 12.

02
현상설계 공모안

· 현상설계 출품안

· 출품 및 입상 연표

스마트산림바이오혁신거점센터

당선
2022

마산의료원 음압병동 증축

당선
2021

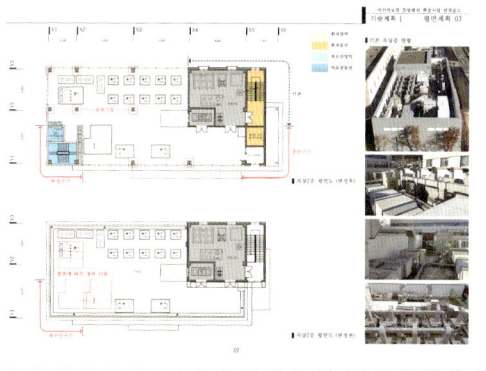

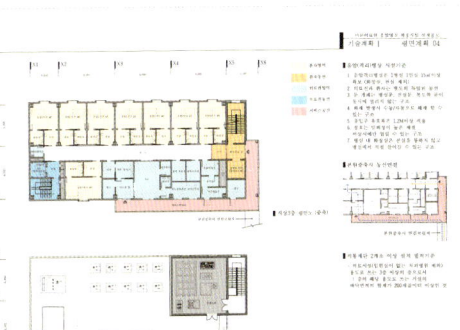

진해 지식산업센터

당선
2021

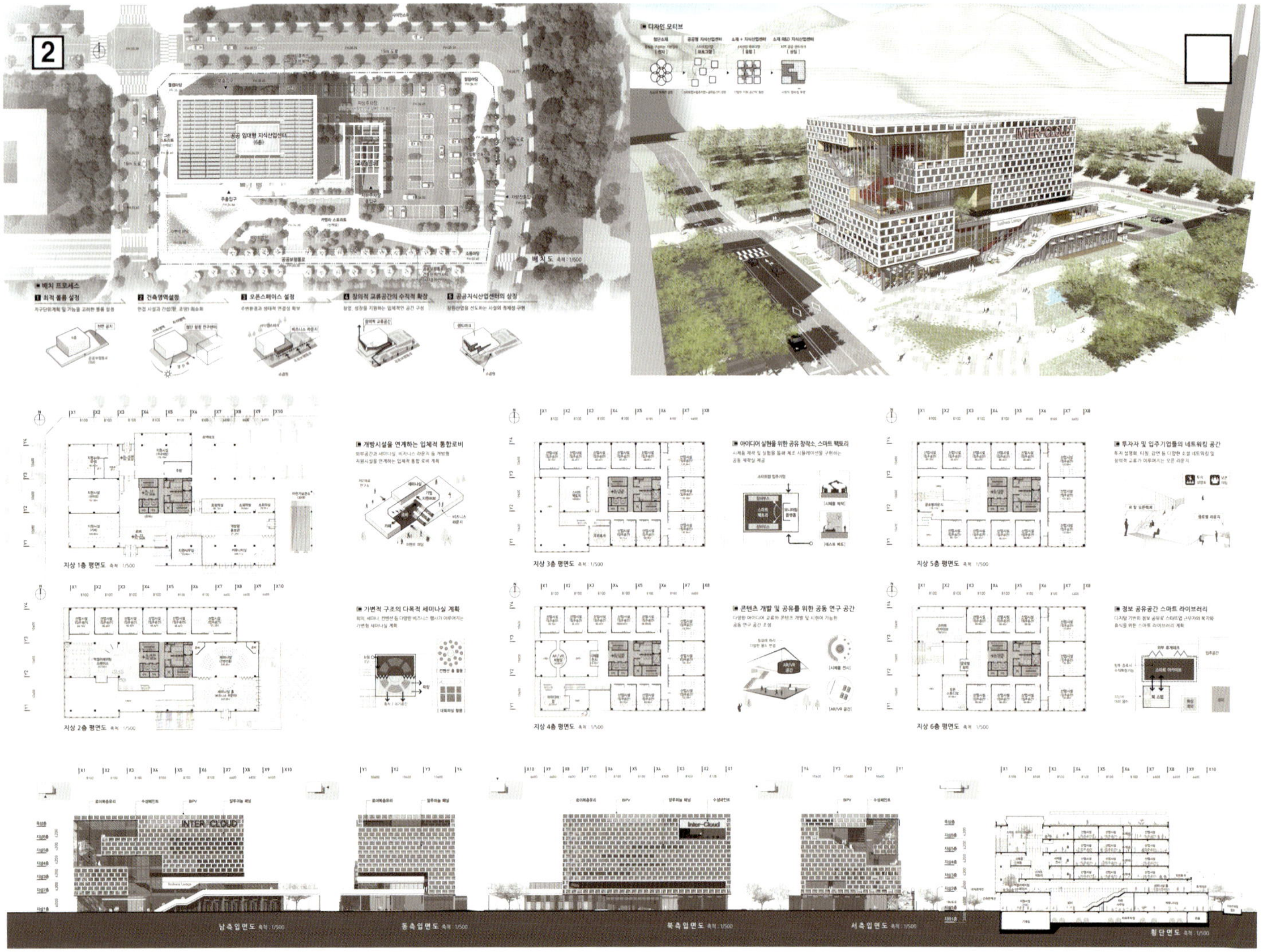

창원현동공공주택

당선
2020

설계경기 개요

발 주 처	경남개발공사
제 출 일	2018년 2월 23일 (금)
심 사 일	2018년 2월~3월 (예정)
참 여 사	(주)삼지엔지니어링건축사사무소 유앤에이건축사사무소

계획개요

대지면적	62,629.80 ㎡
세 대 수	59㎡ (공공분양): 359 세대 59㎡ (공공임대): 838 세대 소계: 1,197세대
용 적 률	156.97%
사업유형	공공분양
건설규모	지하1층, 지상25층

단지계획도

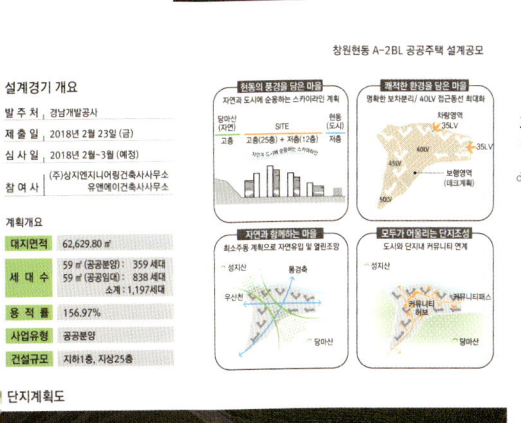

창원현동 A-2BL 공공주택 설계공모

자연과 함께 살아 숨쉬는 주거단지
Living Forest

DESIGN PROCESS

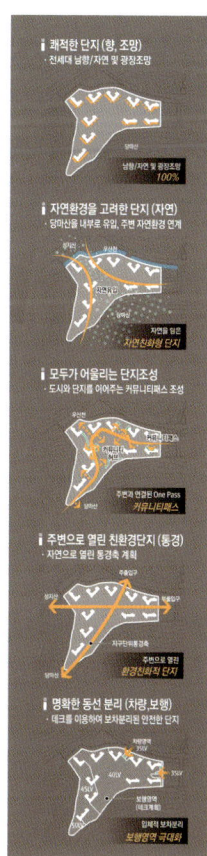

사천소방서신축

가작
2020

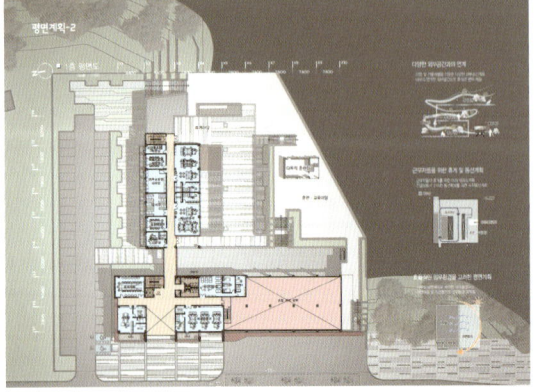
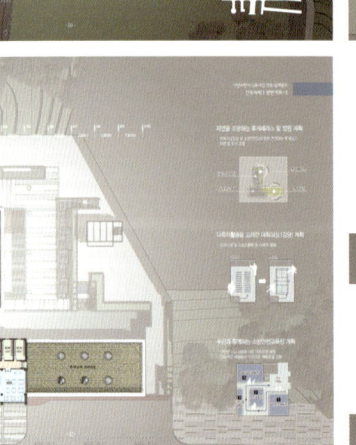
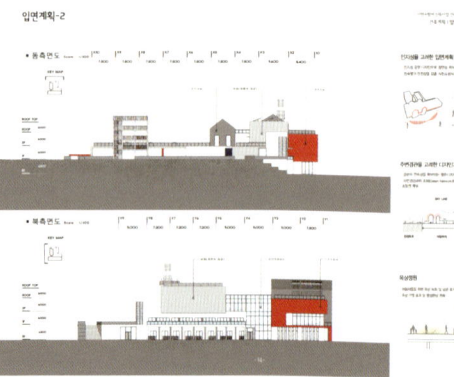

명곡A지구 공동주택

우수
2020

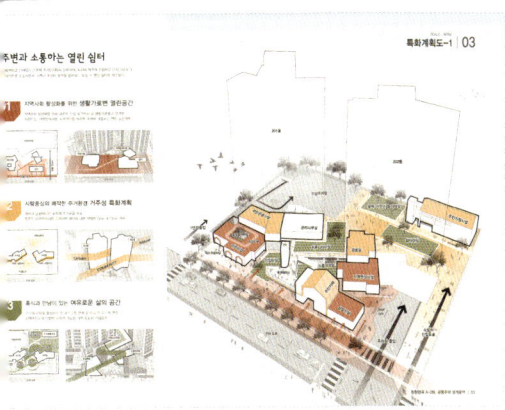

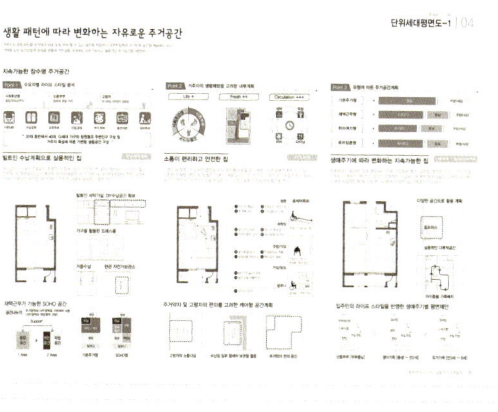
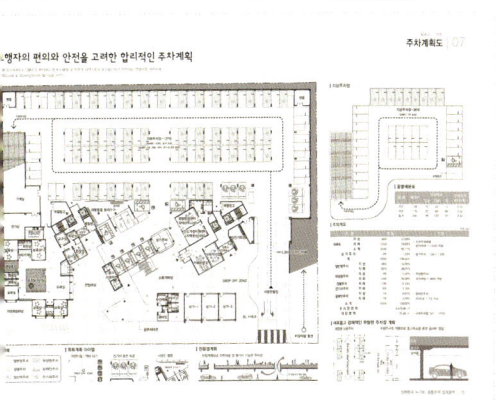

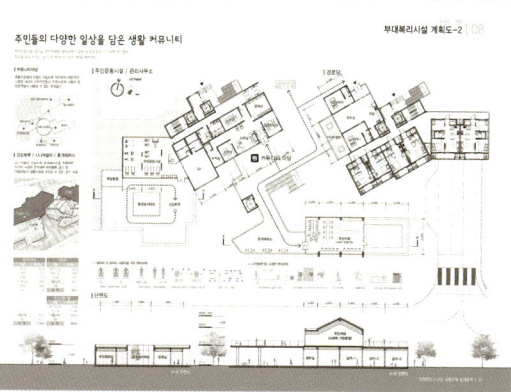

경남시청자미디어센터

우수
2020

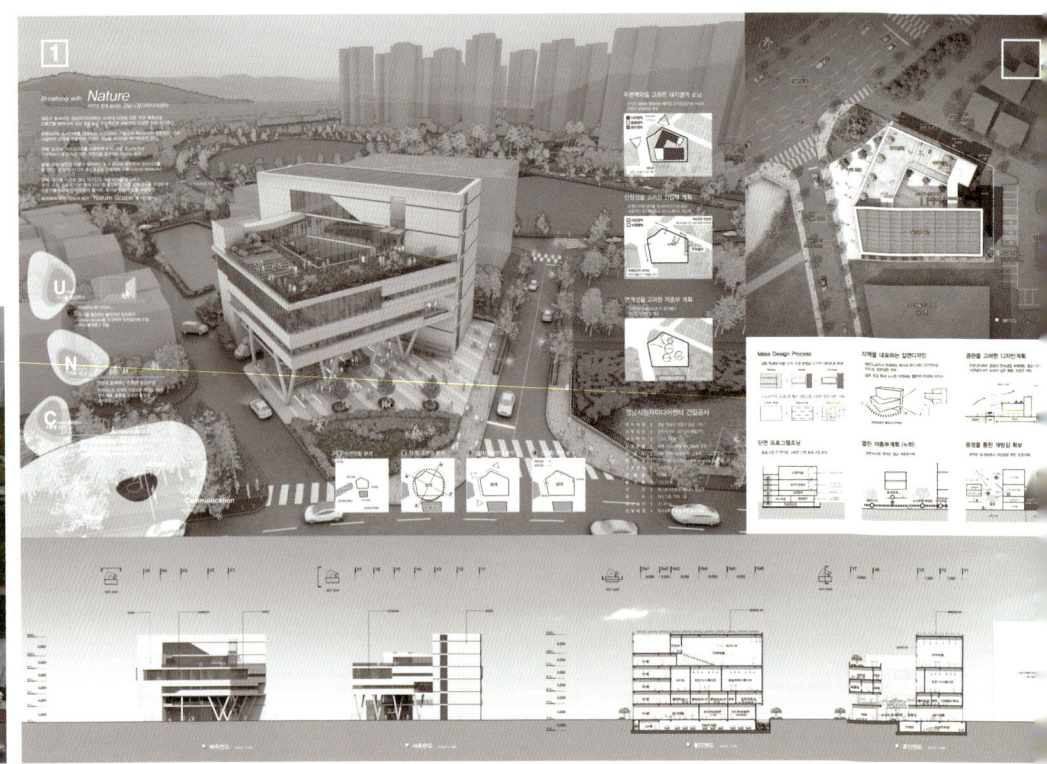
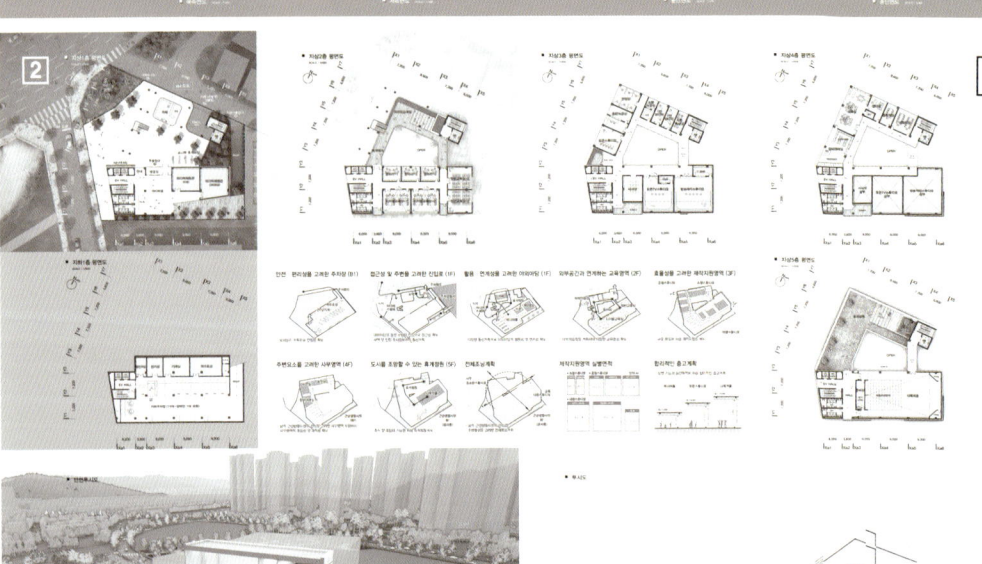

북면공공도서관

우수
2020

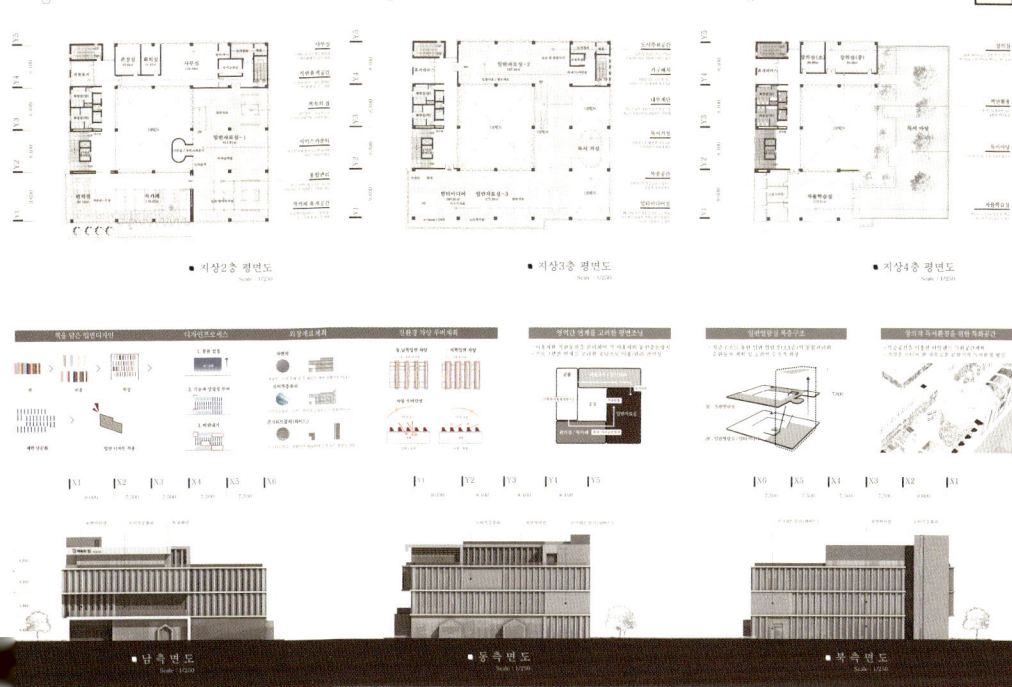

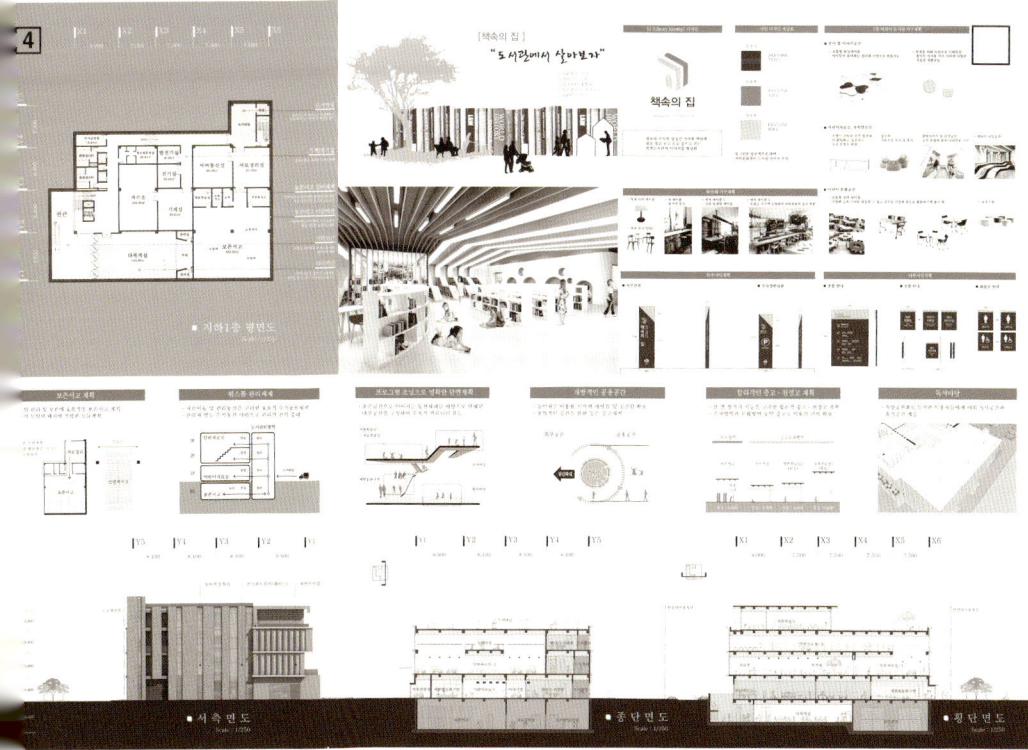

한국화낙 창원서비스센터

우수
2020

남해보물섬고교

우수
2019

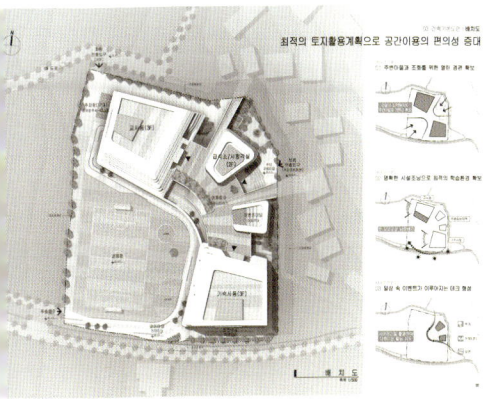
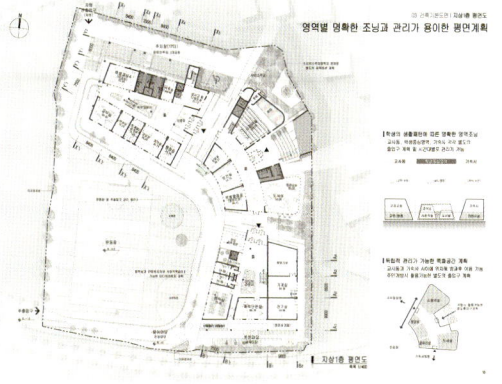
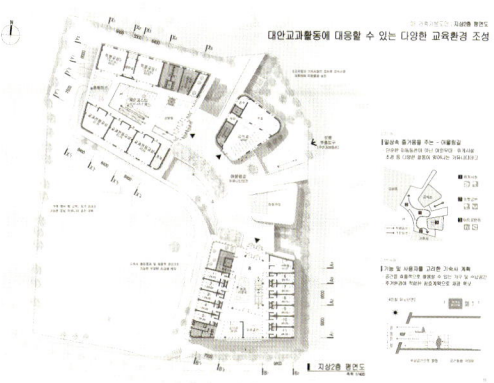
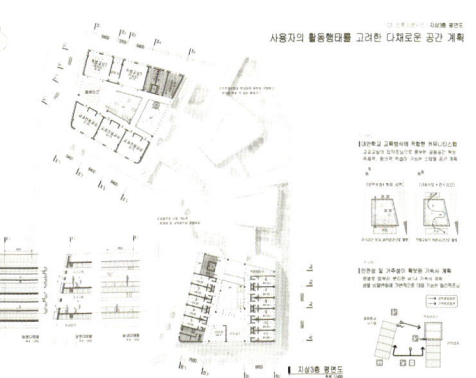
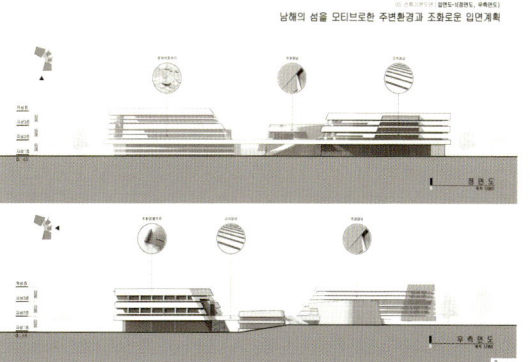
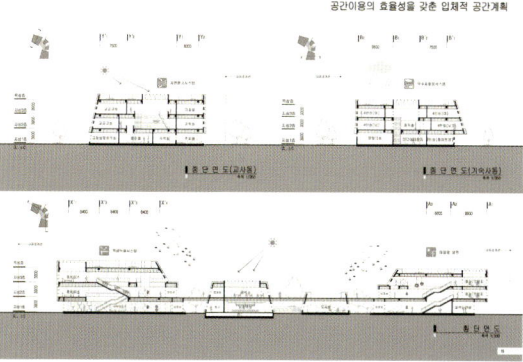

양산 가촌초등학교

당선
2016

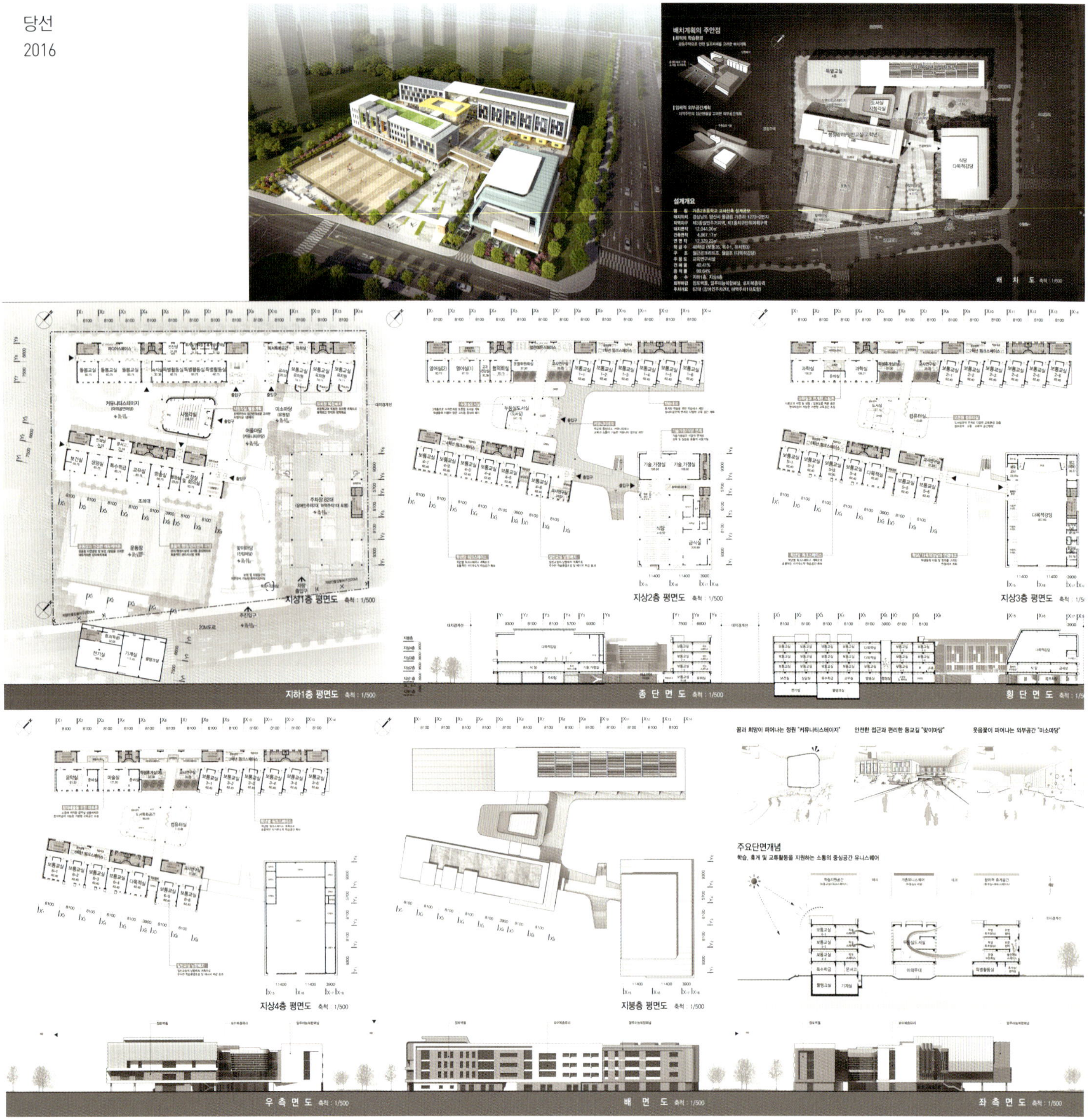

경남학생종합안전체험관

당선
2016

(가칭)경남학생종합안전체험관 건축설계 및 전시물 제작·설치 — 배치도, 개념도 01

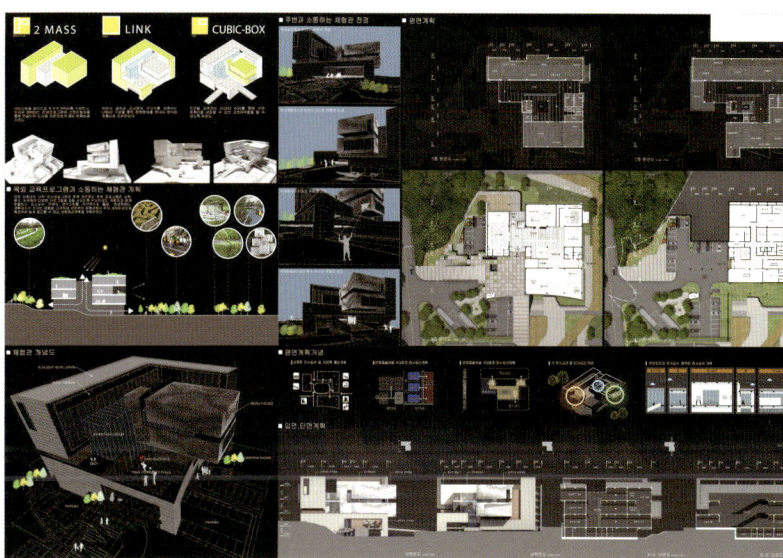
(가칭)경남학생종합안전체험관 건축설계 및 전시물 제작·설치 — 평면도, 단면도, 입면도 02

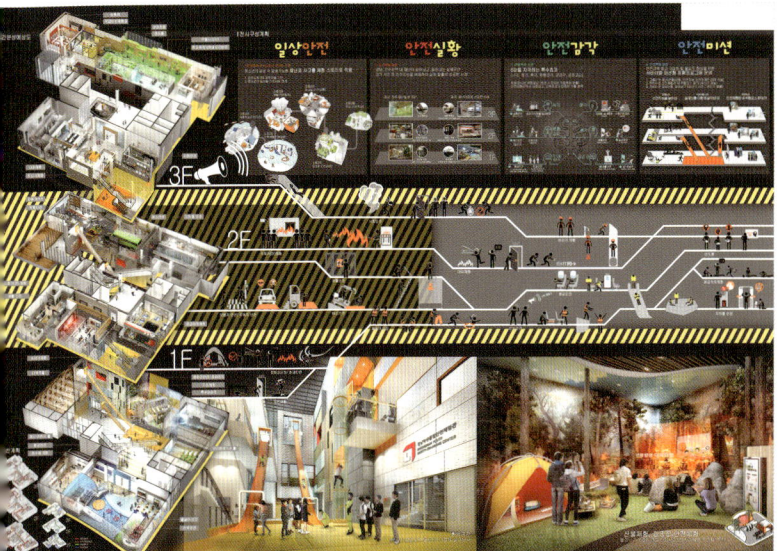
(가칭)경남학생종합안전체험관 건축설계 및 전시물 제작·설치 — 완성예상도, 개념도 01

(가칭)경남학생종합안전체험관 건축설계 및 전시물 제작·설치 — 투시도, 주요체험시설계획 02

진해 신항중학교

당선
2016

배치도 1/600

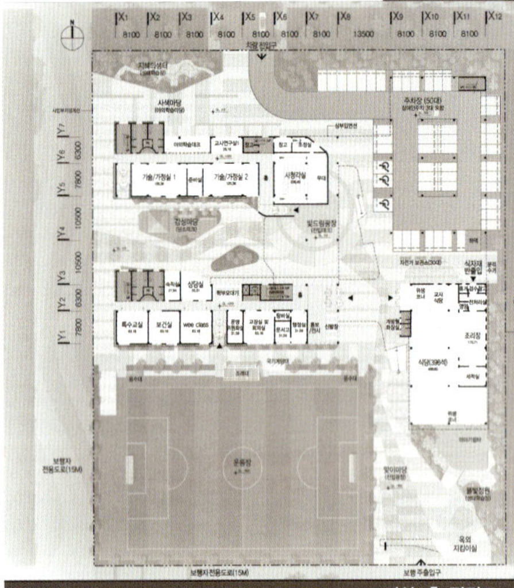
지상1층 평면도 1/500

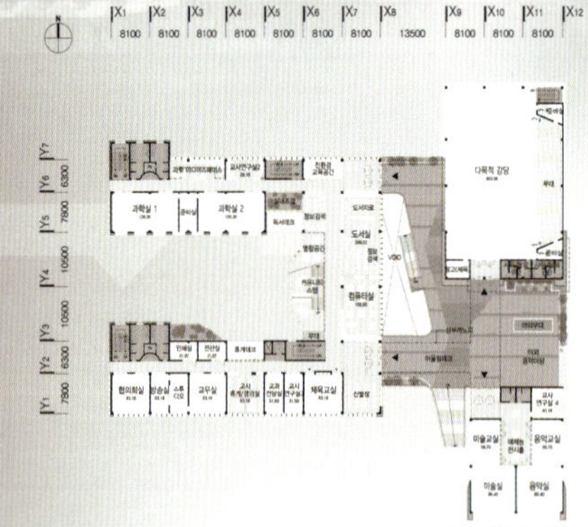
지상2층 평면도 1/500

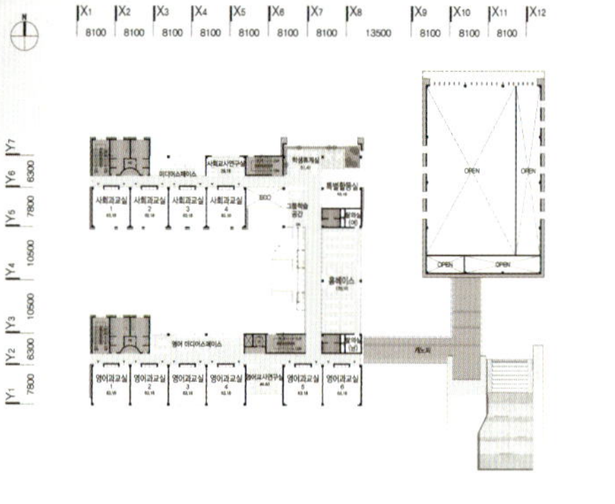
지상3층 평면도 1/500

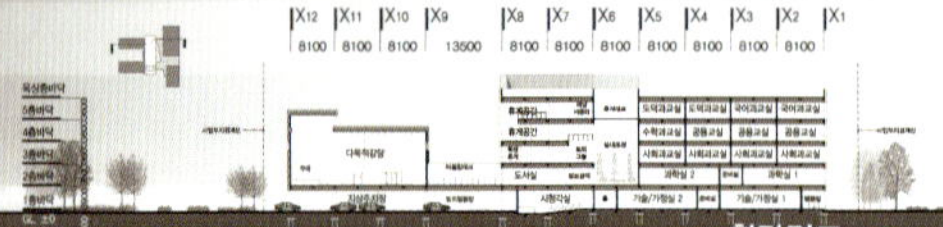
횡단면도 1/600

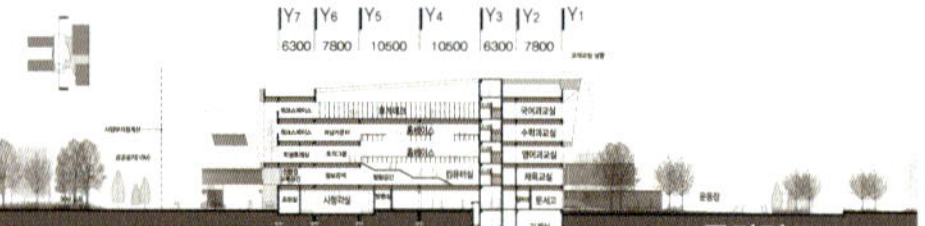
종단면도 1/600

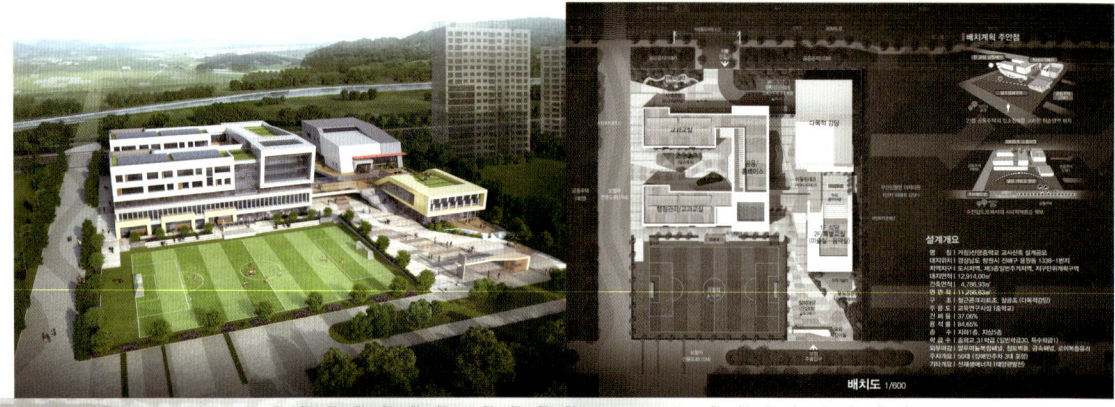

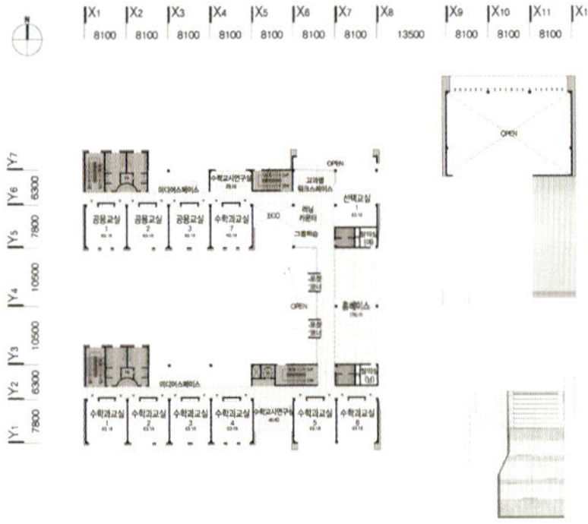
지상4층 평면도 1/500

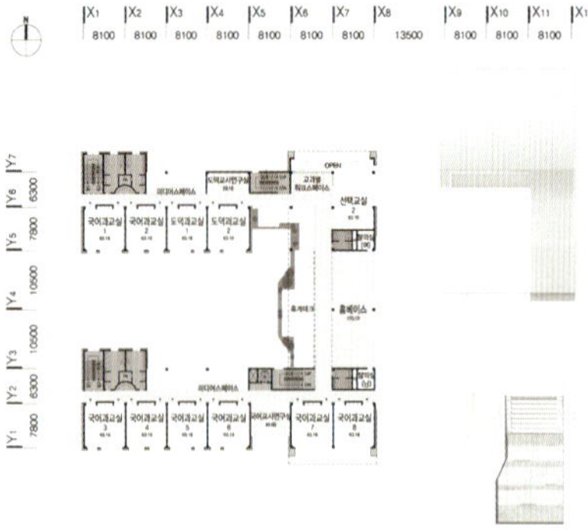
지상5층 평면도 1/500

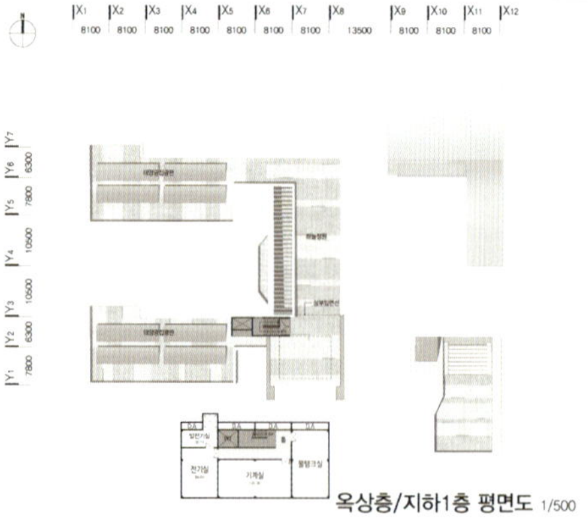
옥상층/지하1층 평면도 1/500

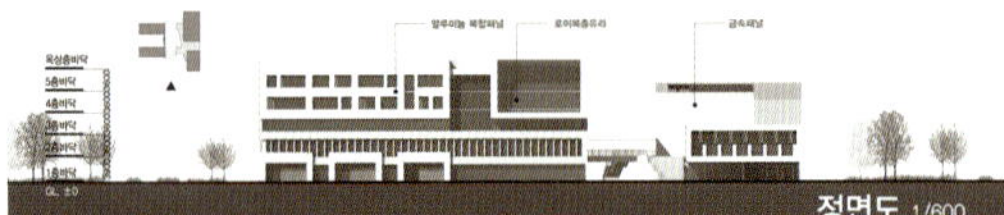
정면도 1/600

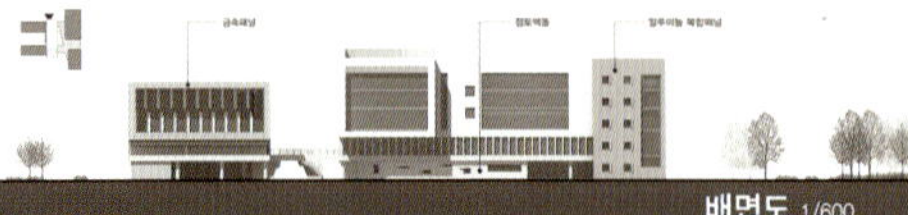
배면도 1/600

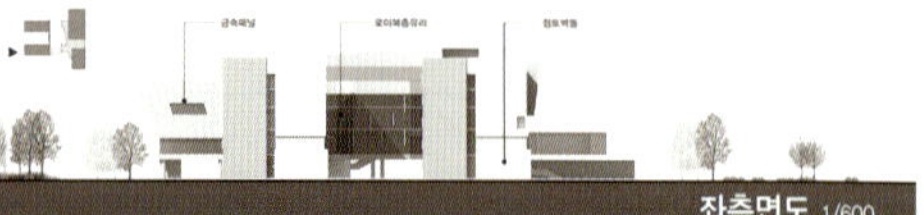
좌측면도 1/600

양산 가촌중학교

당선
2016

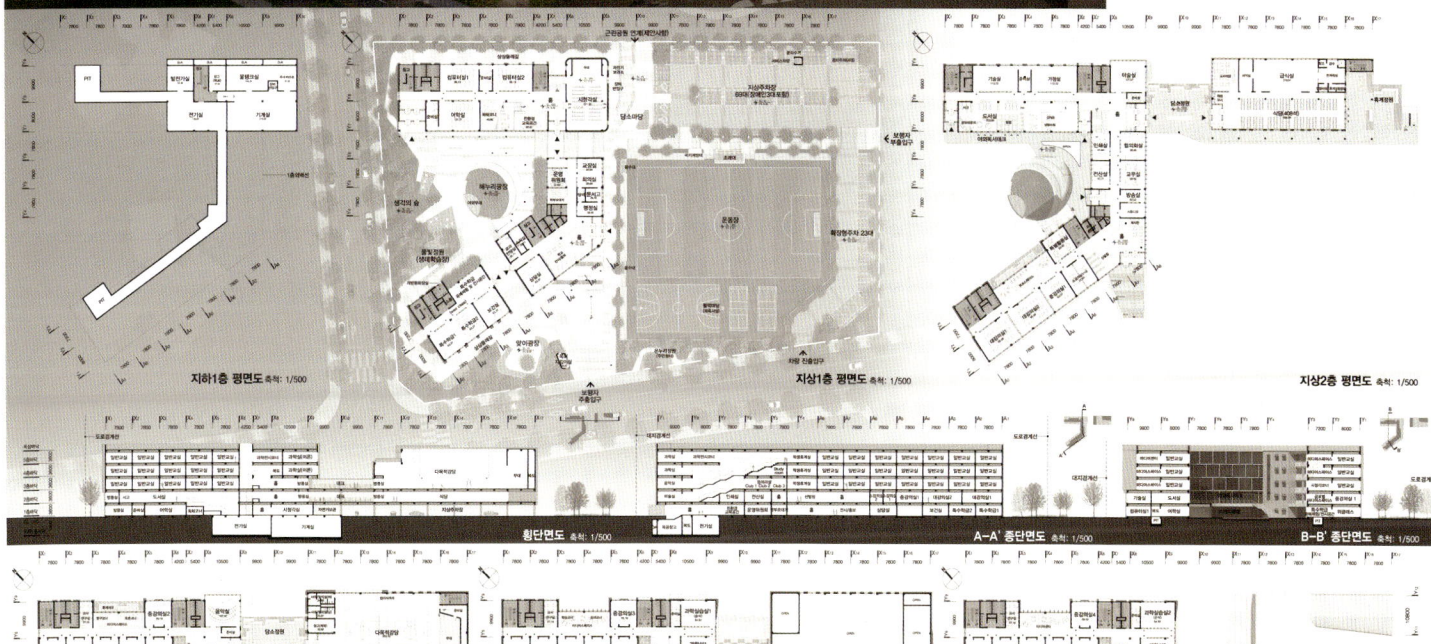
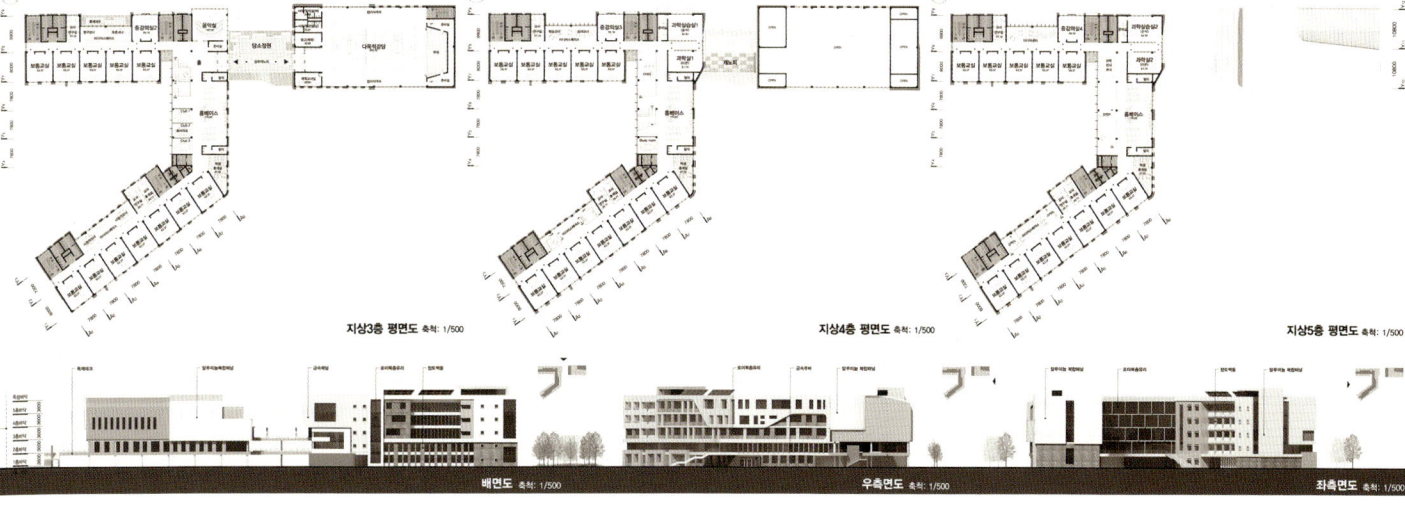

마산대 평생교육관

당선
2015

덴소코리아 기숙사

우수
2014

오동동문화광장 조성사업

우수
2014

창원컨벤션센터 증축

입선
2014

창원보건소 신축

우수
2013

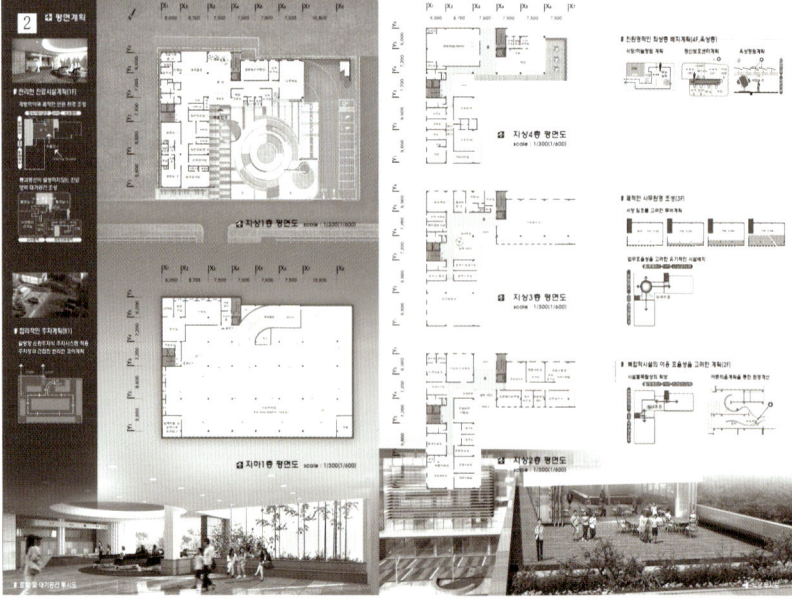
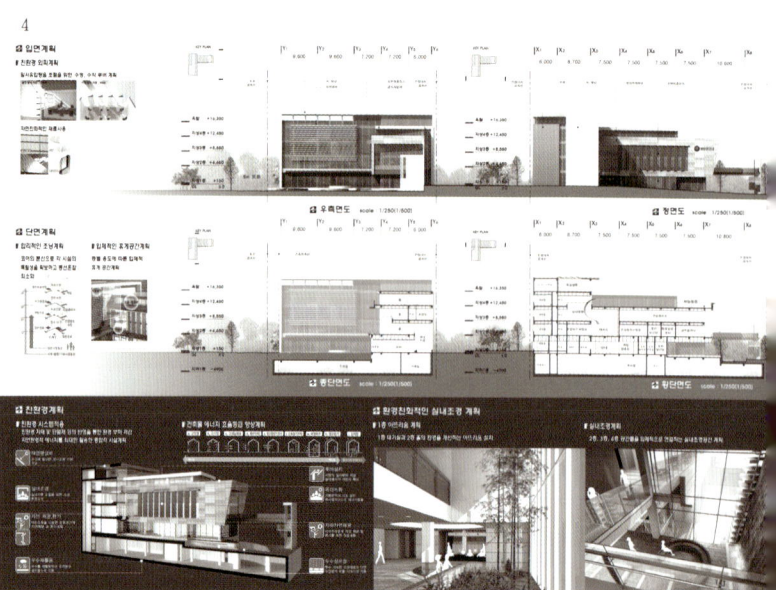

이순신리더십국제센터

가작
2013

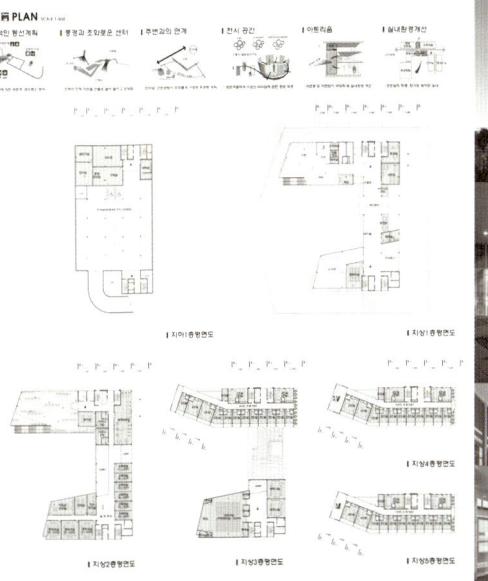

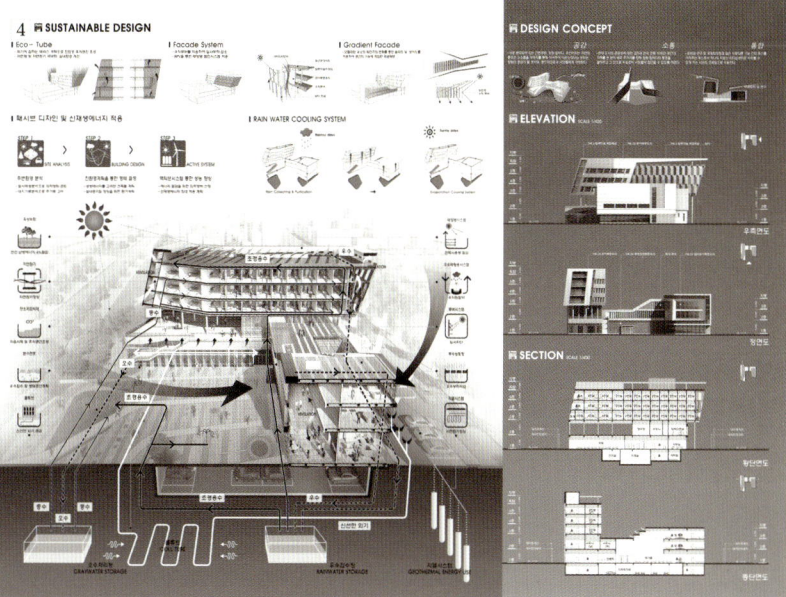

창원대 글로벌평생학습관

우수
2012

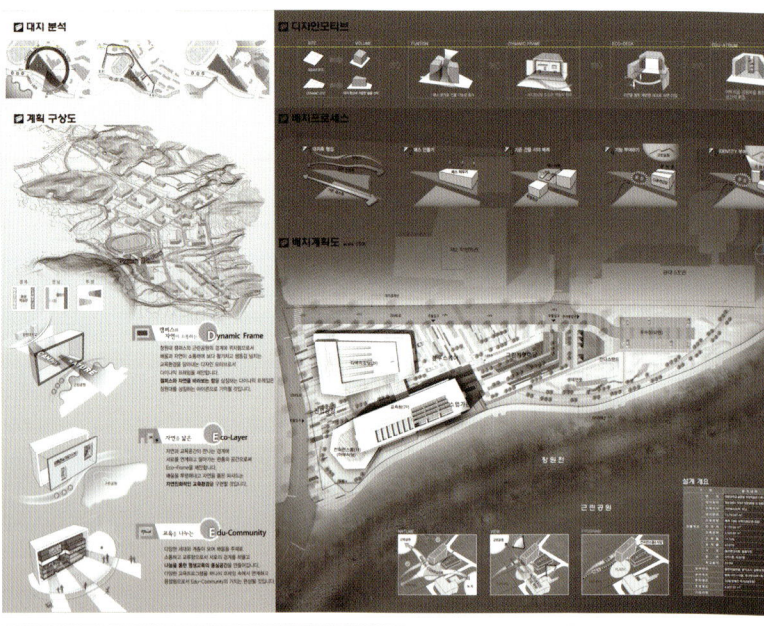
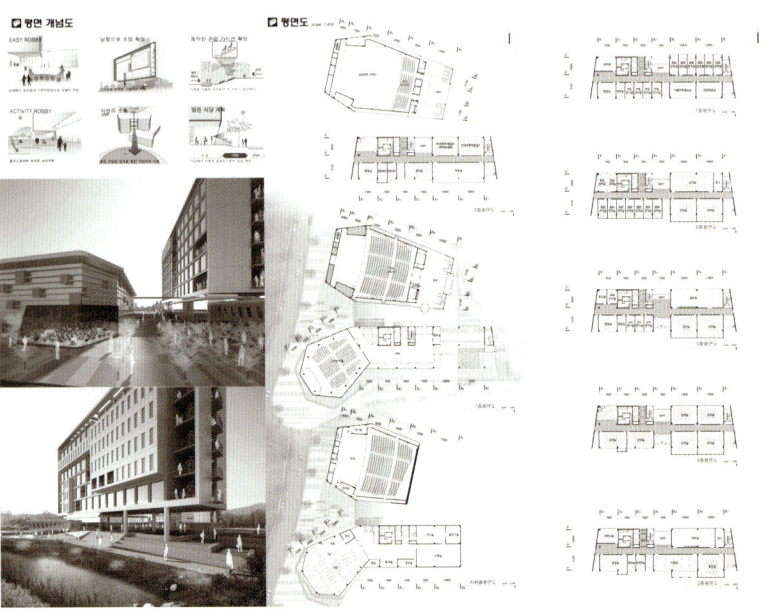
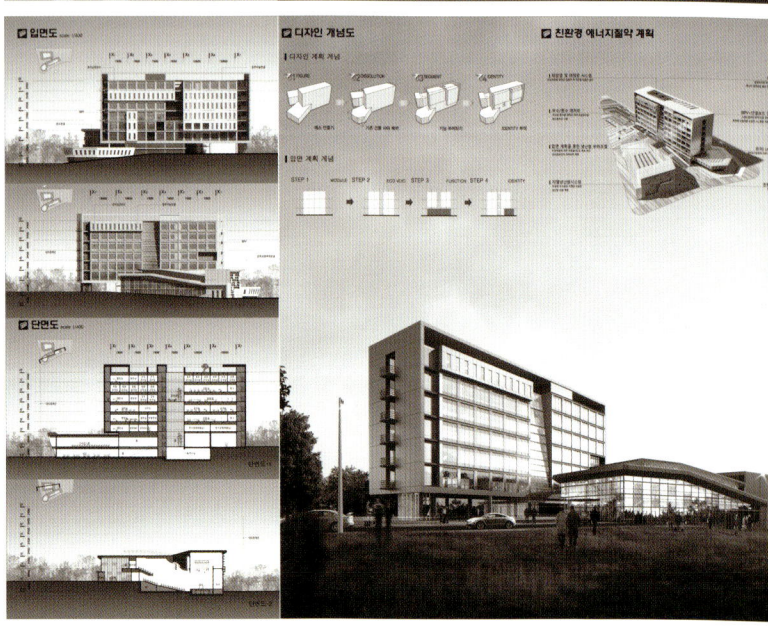

김해 중소기업비즈니스센터

입선
2012

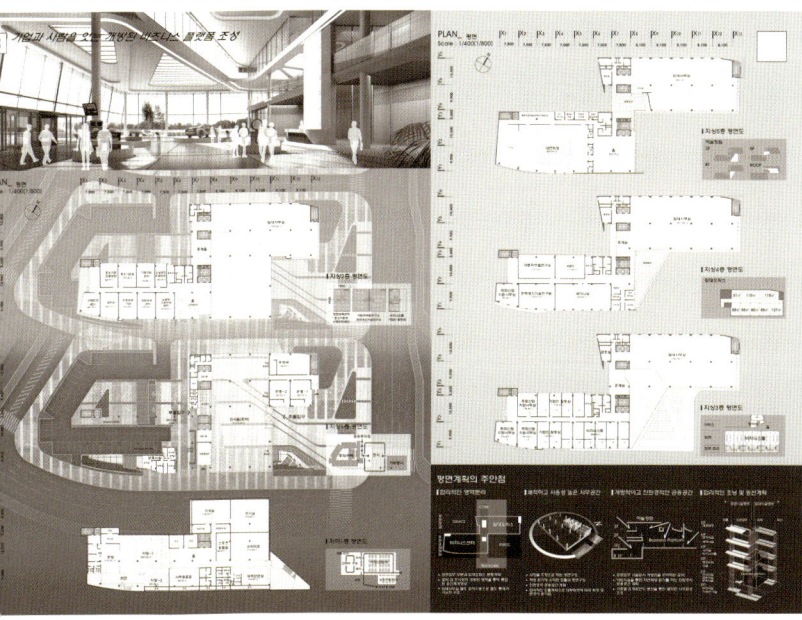

마산대60주년기념관 및 기숙사

당선
2011

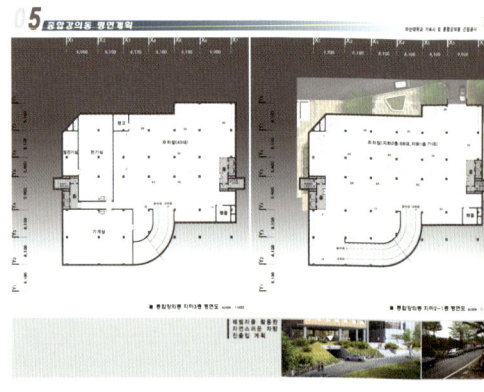
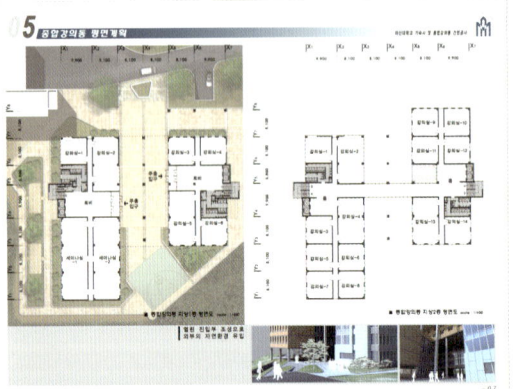

진해청소년문화회관

당선
2011

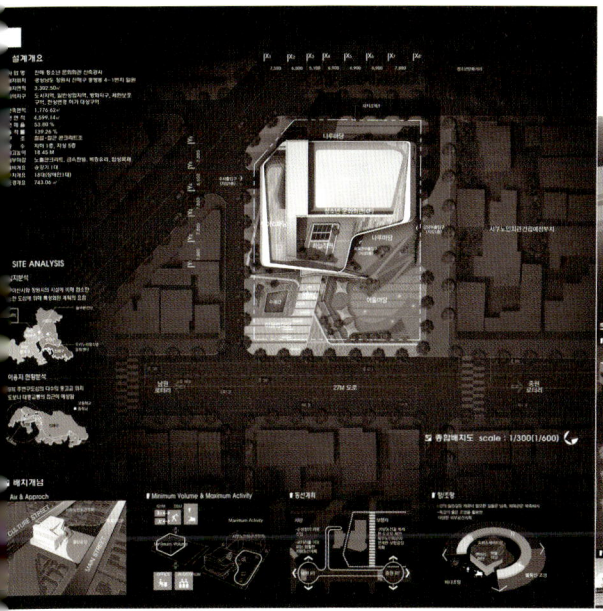
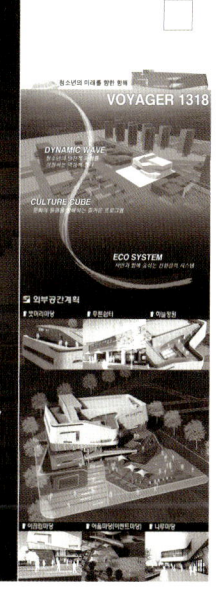
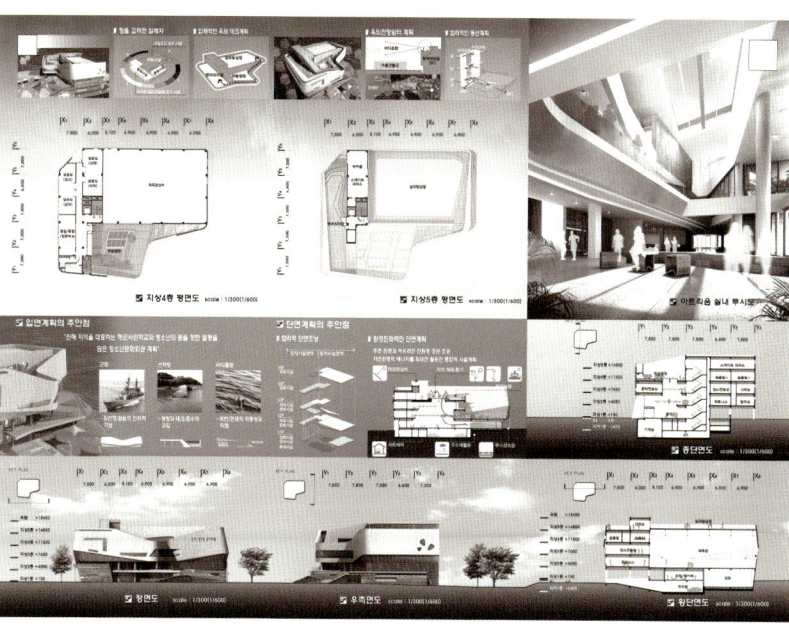

창원대학교 바이오연구동

가작
2010

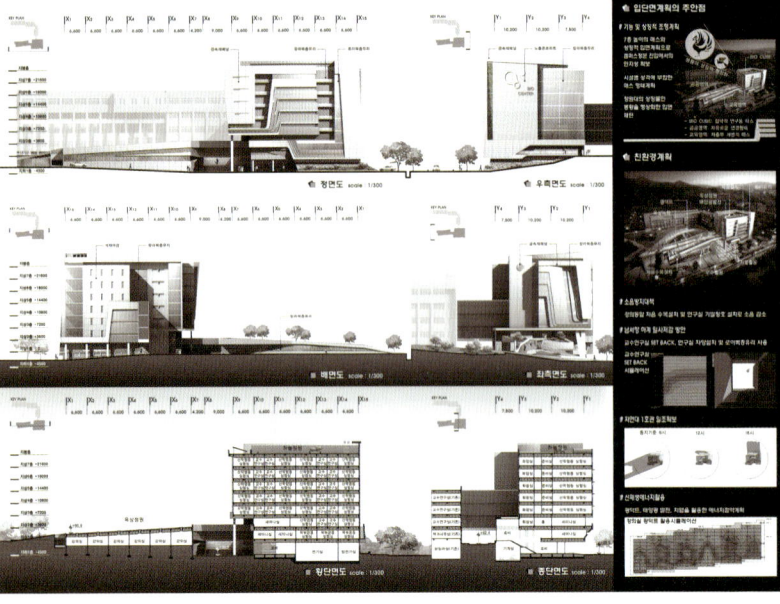
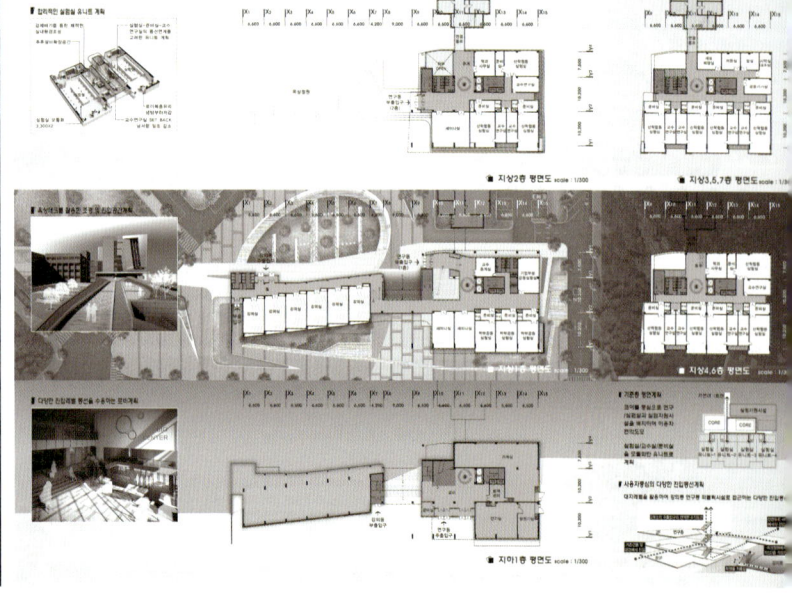

경남교육종합복지관

당선
2009

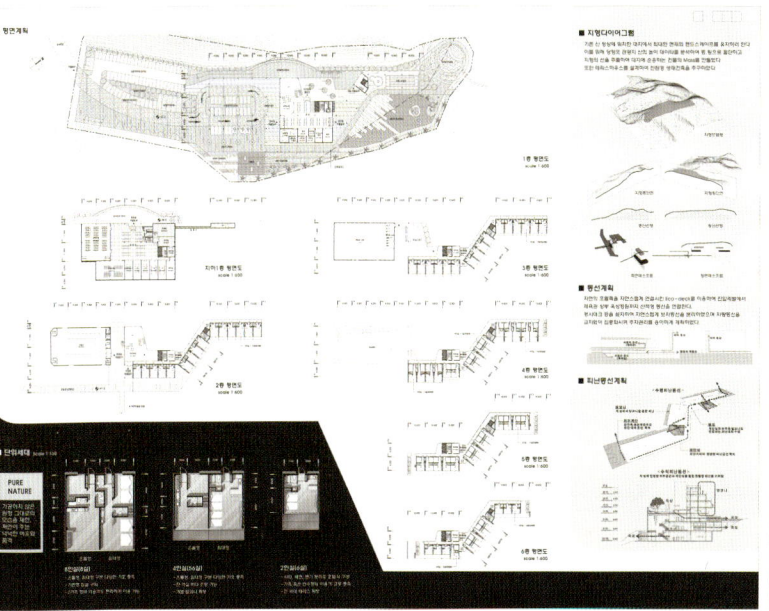
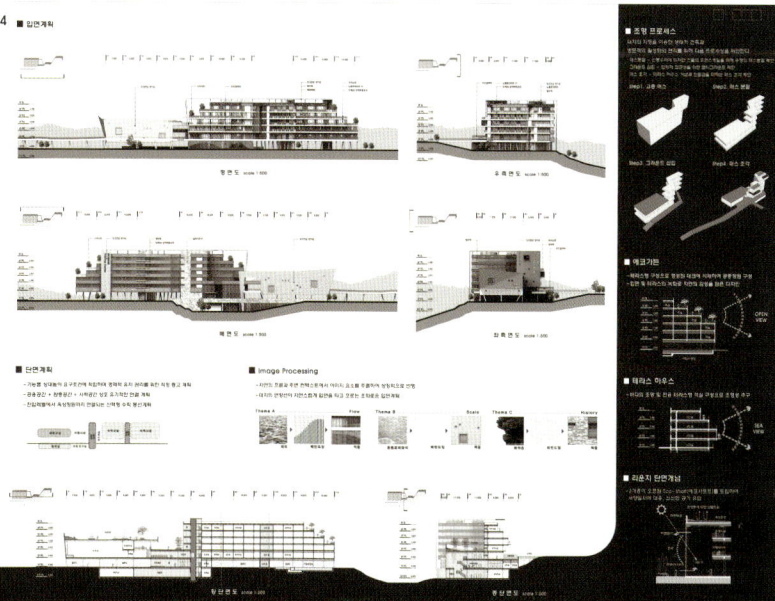

STX 조선복지관 공모

우수
2009

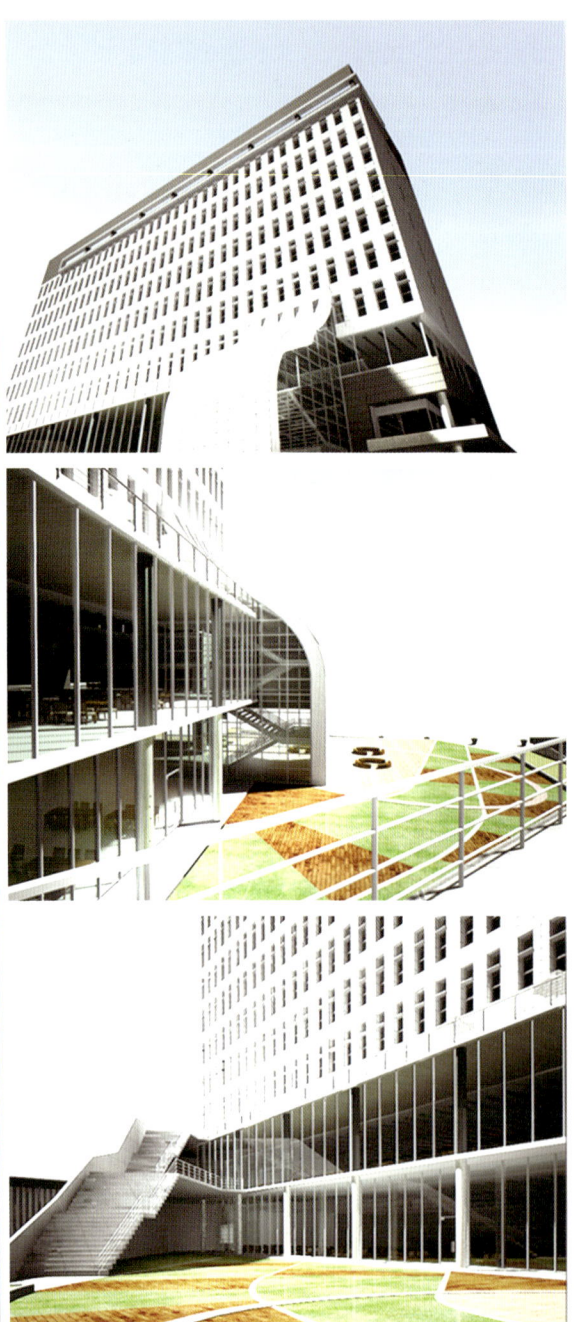

창원문화원 공모

당선
2008

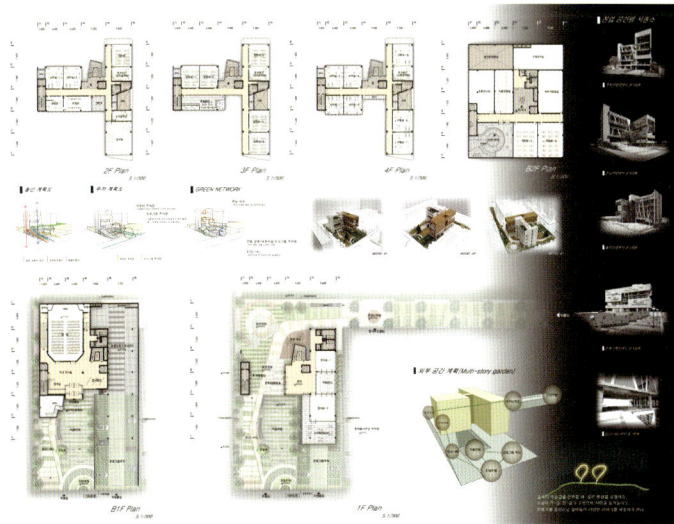

용호상업지역 가로경관개선사업

당선
2008

창원대학교 도서관

입선
2008

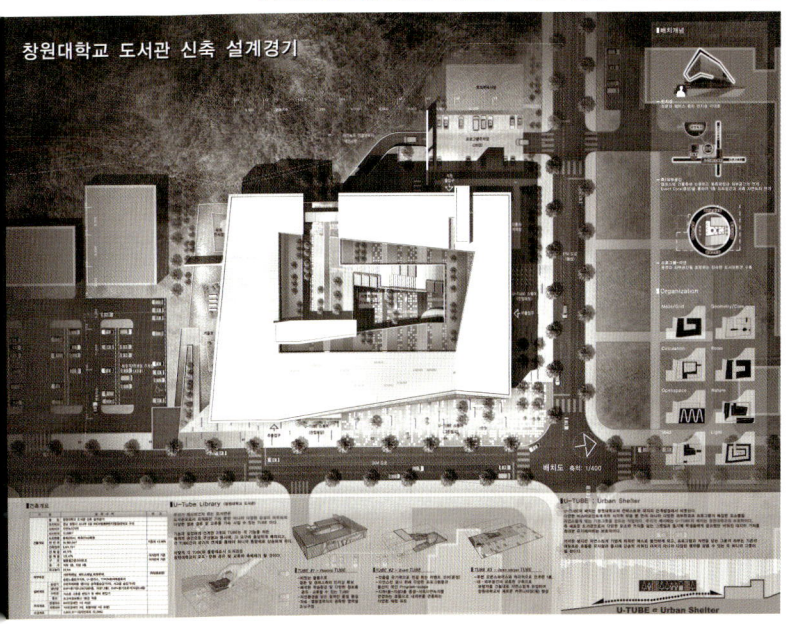

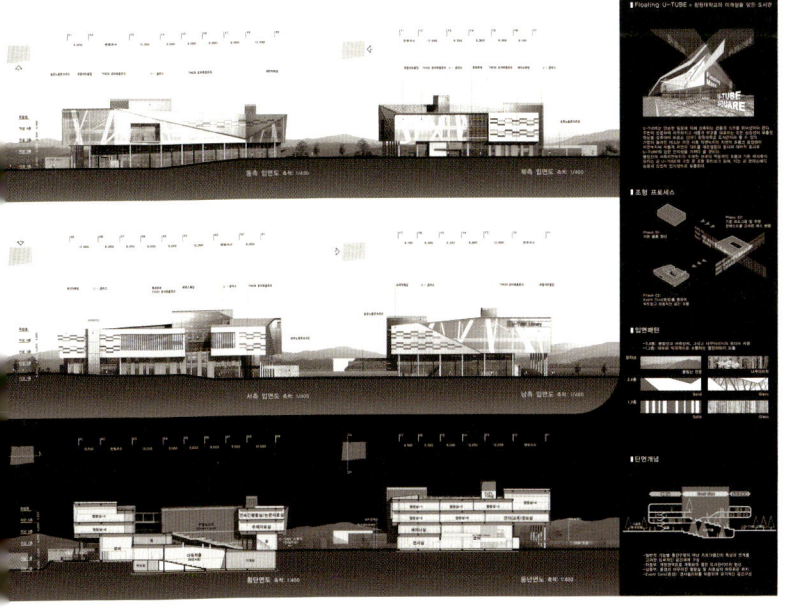
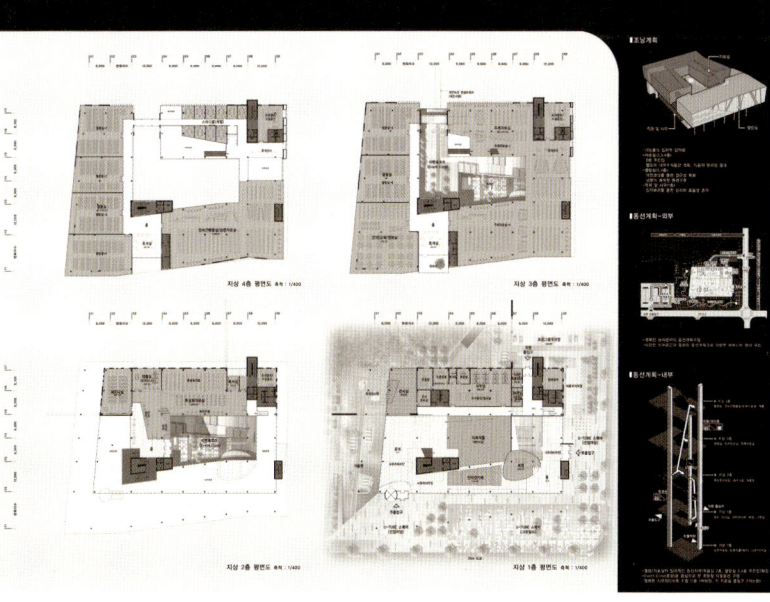

토월로 가로경관개선사업

당선
2008

용지아트존 조성계획

우수
2008

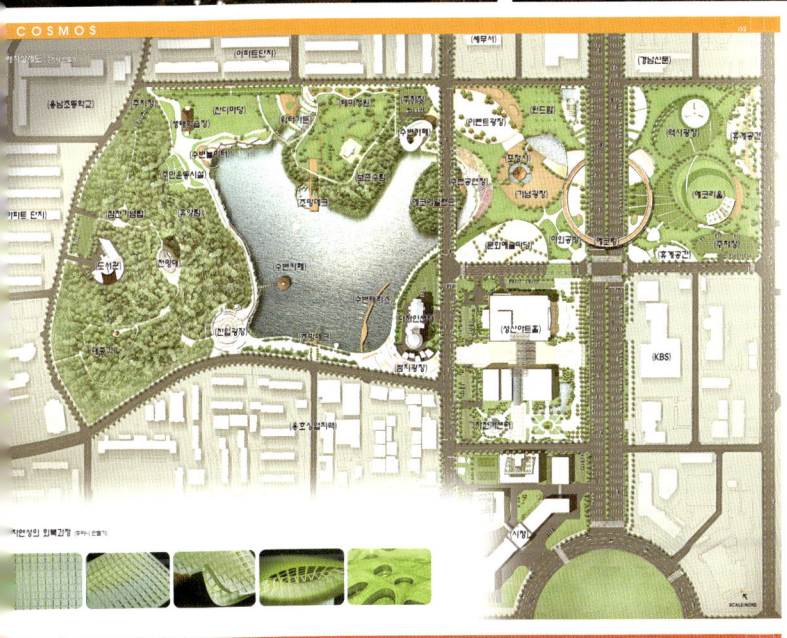

경남발전연구원 청사

당선
2007

창원시 청사 공중화장실

당선
2007

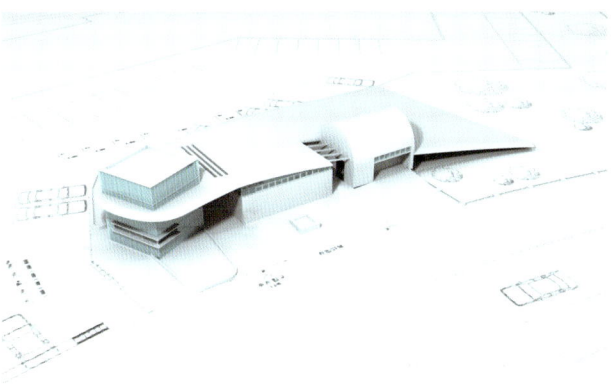

창원서부(의창)체육센터

가작
2006

창원대 국제교류센터

당선
2001

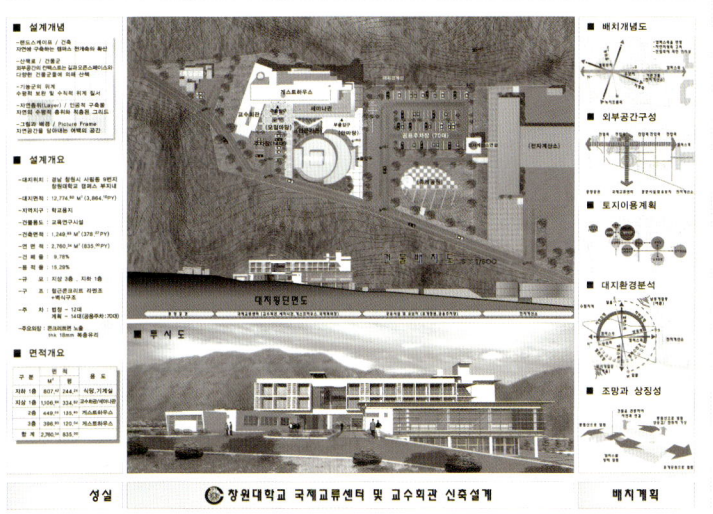
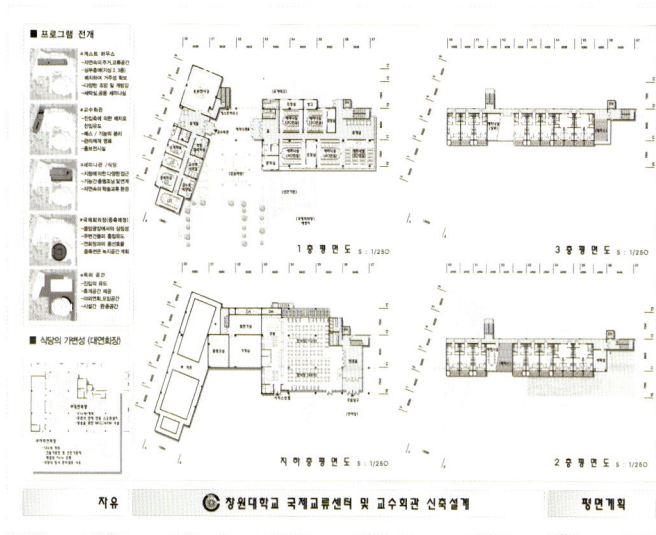
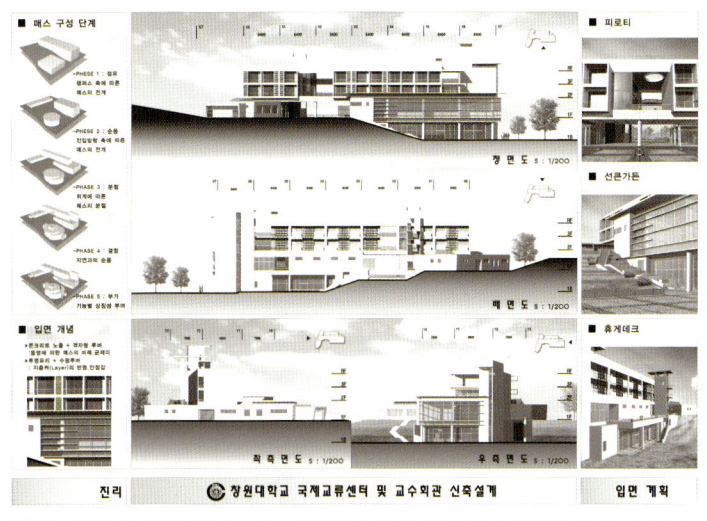
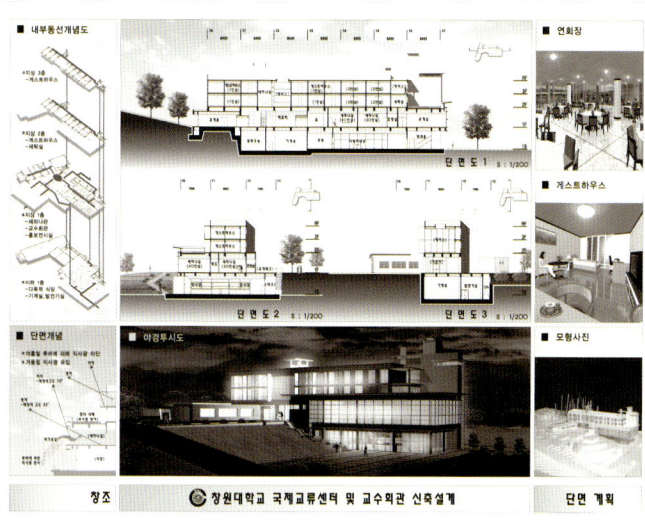

김해공설화장장 및 납골당

가작
2000

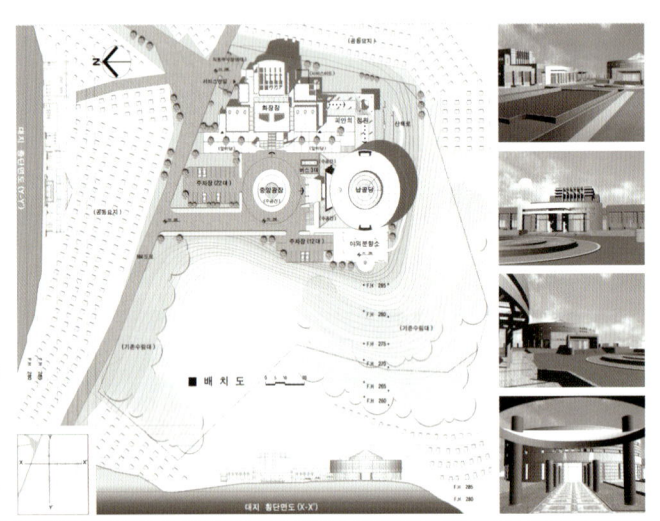
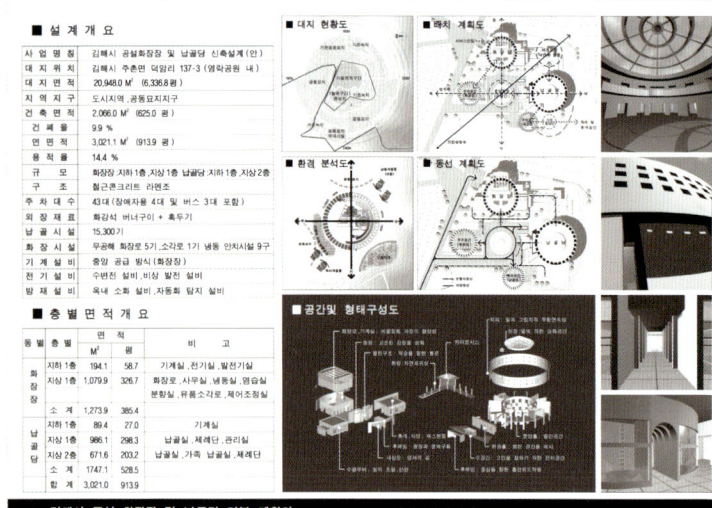
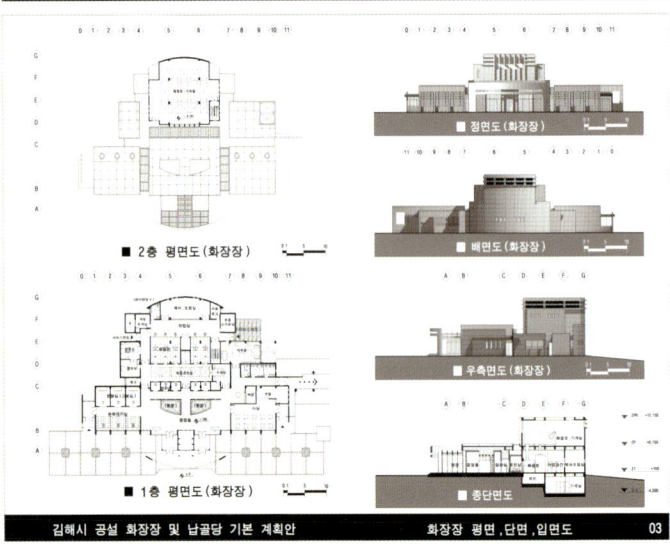
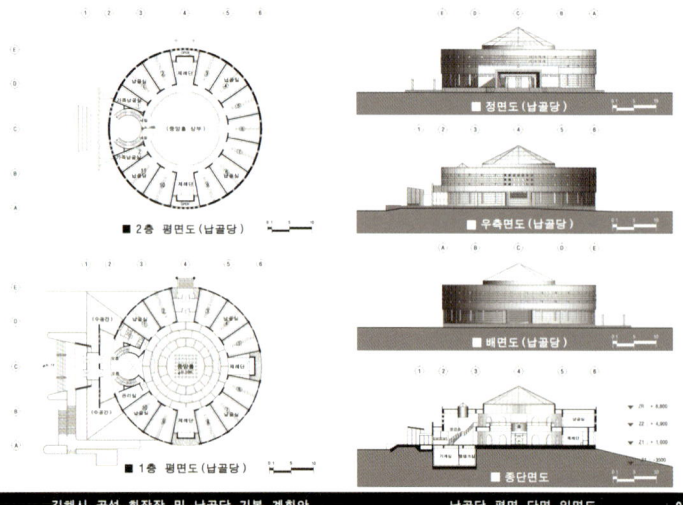

창원대 5공학관

1998

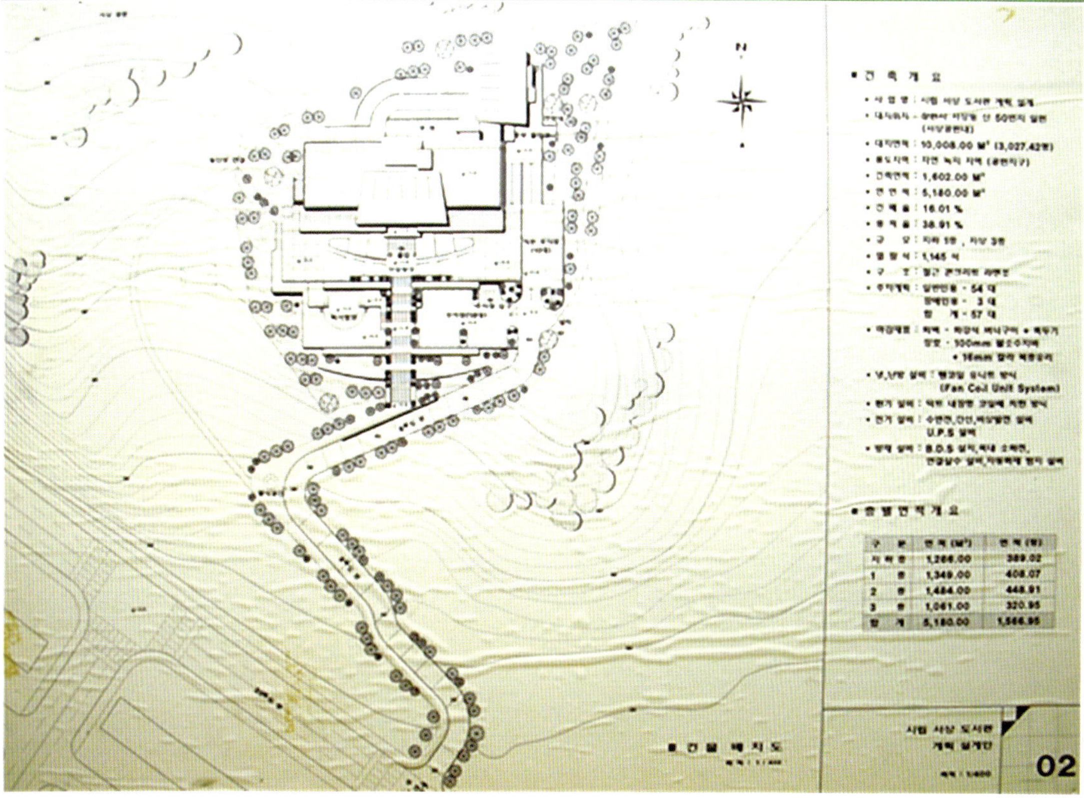

고향의봄 도서관

1998

부산광복기념관

1997

과천 갈현동다목적회관

가작
1997

분당 공공도서관
1996

거창문화예술회관
1996

창원가음정도서관

우수
1996

함안군보건소

당선
1996

함안군 보건의료원
Ham-An Health Medical Center

신삼호 / 미인 건축사사무소
Designed by Shin Sam Ho

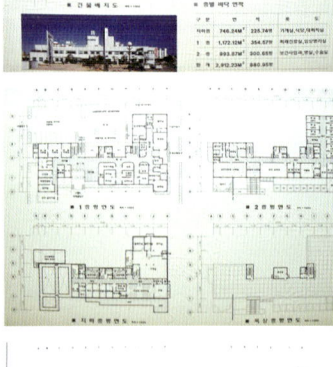

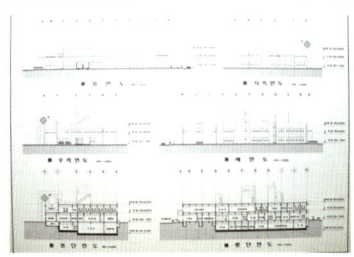

• 출품 및 입상연표

구분	현상공모명	입상	설계
1	함안군보건소	당선	1996
2	창원가음정도서관	우수	1996
3	거창문화예술회관	출품	1996
4	분당 공공도서관	출품	1996
5	과천 갈현동다목적회관	가작	1997
6	부산광복기념관	출품	1997
7	고향의봄 도서관	출품	1998
8	창원대 5공학관	출품	1998
9	김해공설화장장 및 납골당	가작	2000
10	창원대 국제교류센터	당선	2001
11	창원서부(의창)체육센터	가작	2006
12	창원시 청사 공중화장실	당선	2007
13	경남발전연구원 청사	당선	2007
14	용지아트존 조성계획	우수	2008
15	토월로 가로경관개선사업	당선	2008
16	창원대학교 도서관	입선	2008
17	용호상업지역 가로경관개선사업	당선	2008
18	창원문화원	당선	2008
19	STX 조선복지관	우수	2009
20	경남교육종합복지관	당선	2009
21	경남예술고등학교 전용연주관	우수	2010
22	창원대학교 바이오연구동	가작	2010
23	진해청소년문화회관	당선	2011
24	마산대60주년기념관 기숙사	당선	2011
25	경남에너지 김해지사	가작	2011
26	김해 중소기업비즈니스센터	입선	2012
27	창원대 글로벌평생학습관	우수	2012
28	이순신리더십국제센터	가작	2013
29	창원보건소 신축 현상공모	우수	2013
30	창원컨벤션센터 증축 현상공모	입선	2014
31	오동동문화광장 조성사업	우수	2014
32	노산동 주민참여형 도시재생	당선	2014
33	덴소코리아 기숙사 현상공모	우수	2014
34	마산대 평생교육관 현상공모	당선	2015
35	양산 가촌중학교 현상공모	당선	2016
36	진해 신항중학교 현상공모	당선	2016
37	경남학생종합안전체험관	당선	2016
38	양산 가촌초등학교	당선	2016
39	남해보물섬고교 현상공모	우수	2019
40	한국화낙 창원서비스센터	우수	2020
41	북면공공도서관 현상공모	우수	2020
42	경남시청자미디어센터	우수	2020
43	명곡A지구 공동주택	우수	2020
44	사천소방서 신축 현상공모	가작	2020
45	창원 현동공공주택	당선	2020
46	진해 지식산업센터	당선	2021
47	마산의료원 음압병동 증축	당선	2021
48	스마트산림바이오혁신거점센터	당선	2022

03

계획안 및 모형 · 스케치

· 일반건축 계획안

· 모형 및 스케치

진해 두동근린생활시설	진도 국유림관리소
중동 업무시설	경남에너지 김해지사
석전동 주택	팔용동 숙박시설
봉림동 요양시설A	골프대학
요양시설B	중앙동 근린생활시설
사림동 A시그니처 업무시설	창원 테크노 M 시티
진해신항 주민편의시설	마산 강남극장
진해 자은동 주차빌딩	
가포147카페	
삼포 유스호스텔	

| 일반건축 계획안 |

진해 두동근린생활시설

2022. 04.

중동 업무시설

2022. 02.

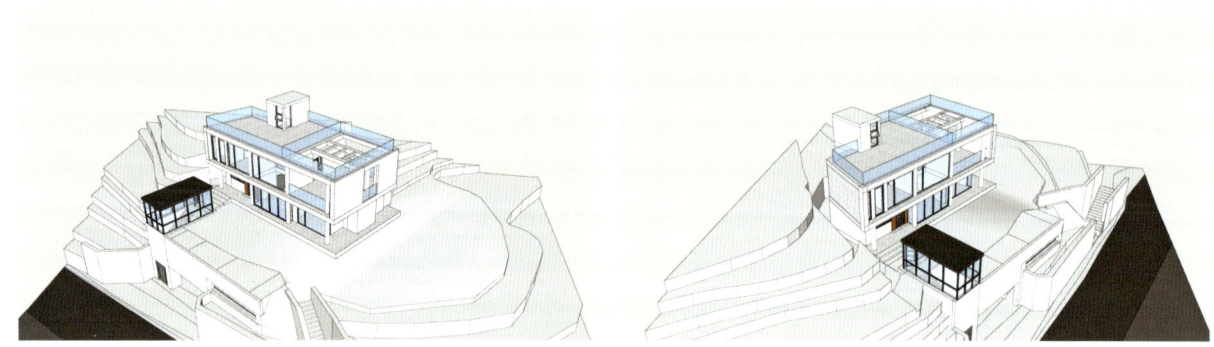

석전동 주택

2022. 01.

봉림동 요양시설A

2021.

봉림동 요양시설B

2021.

사림동 A시그니처 업무시설

2017. 09.

진해신항 주민편의시설

2017. 08.

진해 자은동 주차빌딩

2017. 03.

가포147카페

2016. 11.

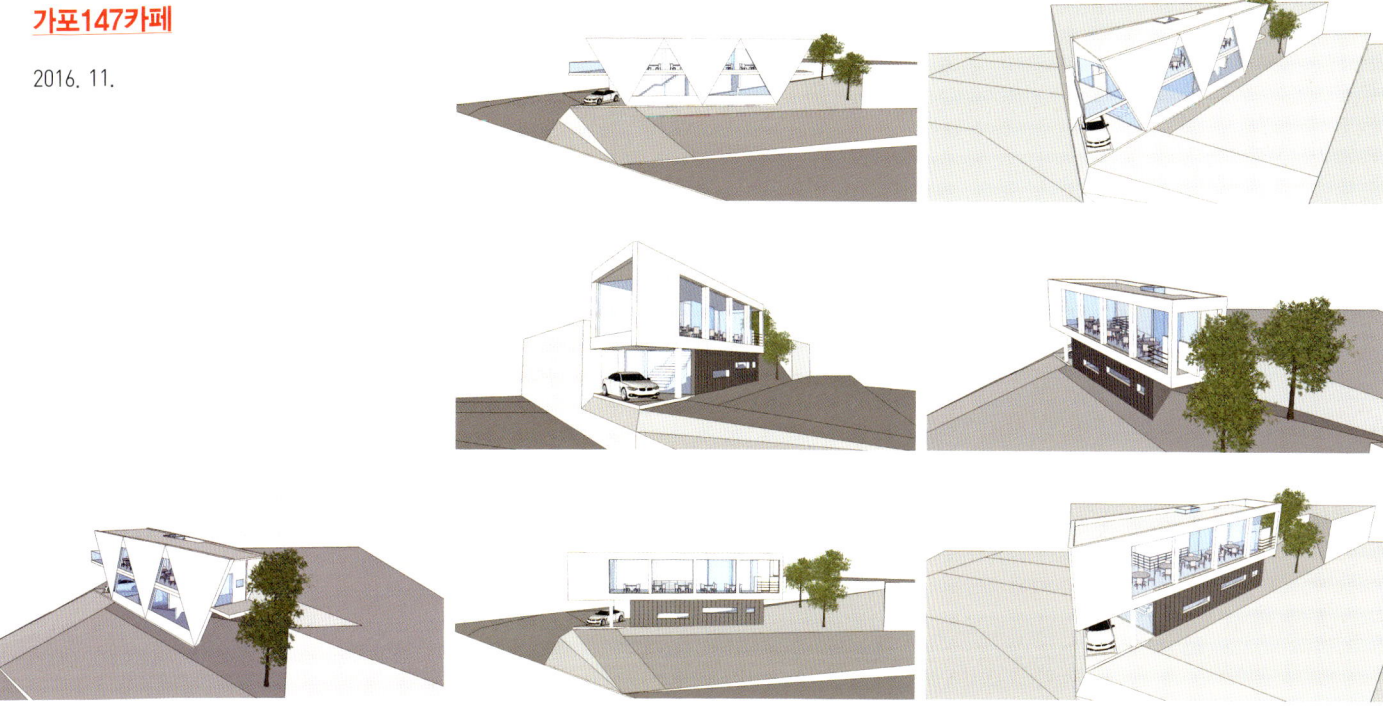

삼포 유스호스텔

2015. 03.

진도 국유림관리소

2015

경남에너지 김해지사

2011

팔용동 숙박시설
2011

골프대학

2006

중앙동 근린생활시설

2005

창원 테크노 M 시티

2003

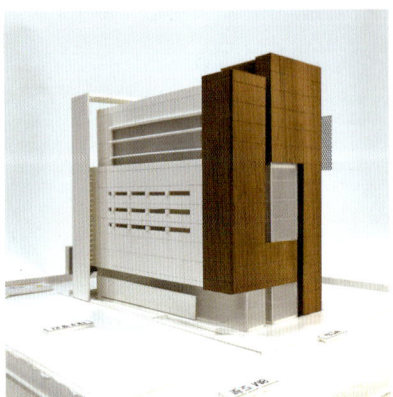

마산 강남극장

2003

율하 근린생활시설	구암119센터	토월로 가로경관개선사업	김해 공설화장장 및 납골당
장유 에이원프라자	진해 청소년센터	경남연구원	석전동 박정형외과
창원 세종M필드 빌딩	창원 탄소제로하우스	당항포 휴양시설	부산광복기념관
웅남동 경로당	관동리 투섬플레이스	김해 부원동 주상복합건물	삶의 공존(순환임대주택)
명곡 A지구 공동주택	경상남도 교육종합복지관	진해 코지존 근린생활시설	거창문화예술회관
중앙동 한서빌딩	칠곡군 산림조합	창원시청사 공중화장실	육갑칠갑페스티벌
중동 패총전시관	삼정자동 경로당	창원 서부스포츠센터	동숭동 명소
산청군 통합관제센터	창원문화원	여좌동 K씨주택	Art Scape
마산대 교육관	창원 YMCA	창원 상남동 재성빌딩	
합천 도예체험관	팔용동 명빌딩	창원 중앙동 필플라워	

| 모형 및 스케치 |

율하 근린생활시설
2022

장유 에이원프라자
2021

창원 세종M필드 빌딩

2021

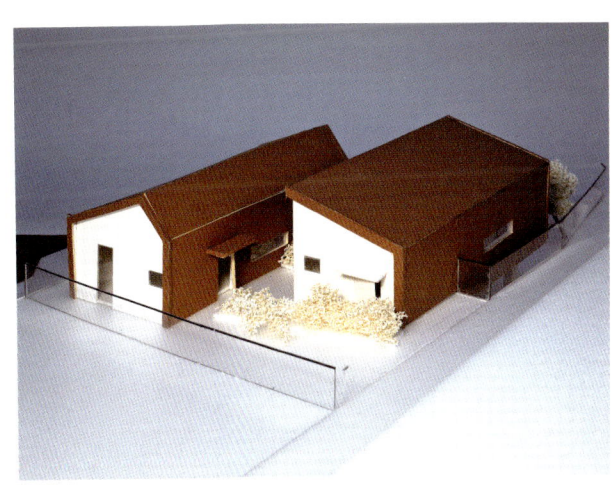

웅남동 경로당

2021

명곡 A지구 공동주택

2020

중앙동 한서빌딩

2019

중동 패총전시관

2018

산청군 통합관제센터

2016

마산대 교육관

2015

 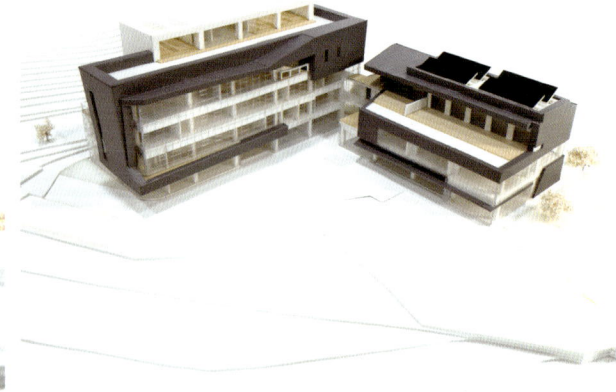

합천 도예체험관

2014

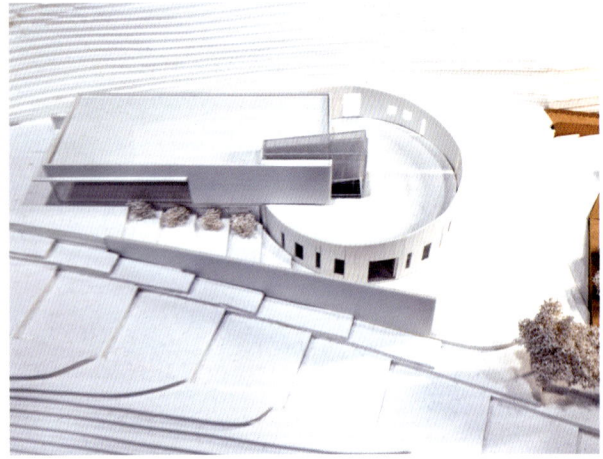 

구암119센터

2014

진해 청소년센터
2013

창원 탄소제로하우스
2013

관동리 투섬플레이스

2012

**경상남도
교육종합복지관**

2012

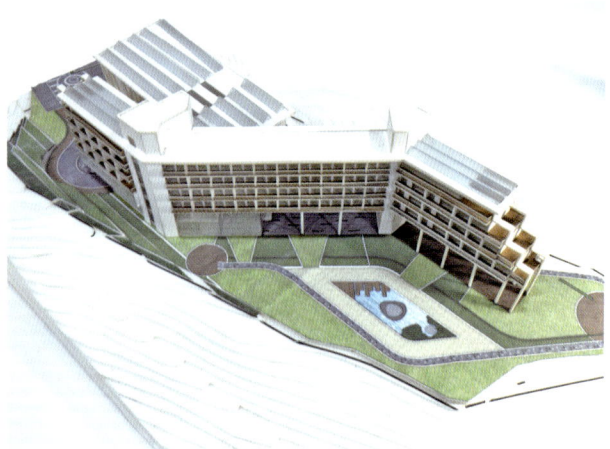

칠곡군 산림조합

2011

삼정자동 경로당

2012

창원문화원

2009

창원 YMCA

2008

팔용동 명빌딩

2008

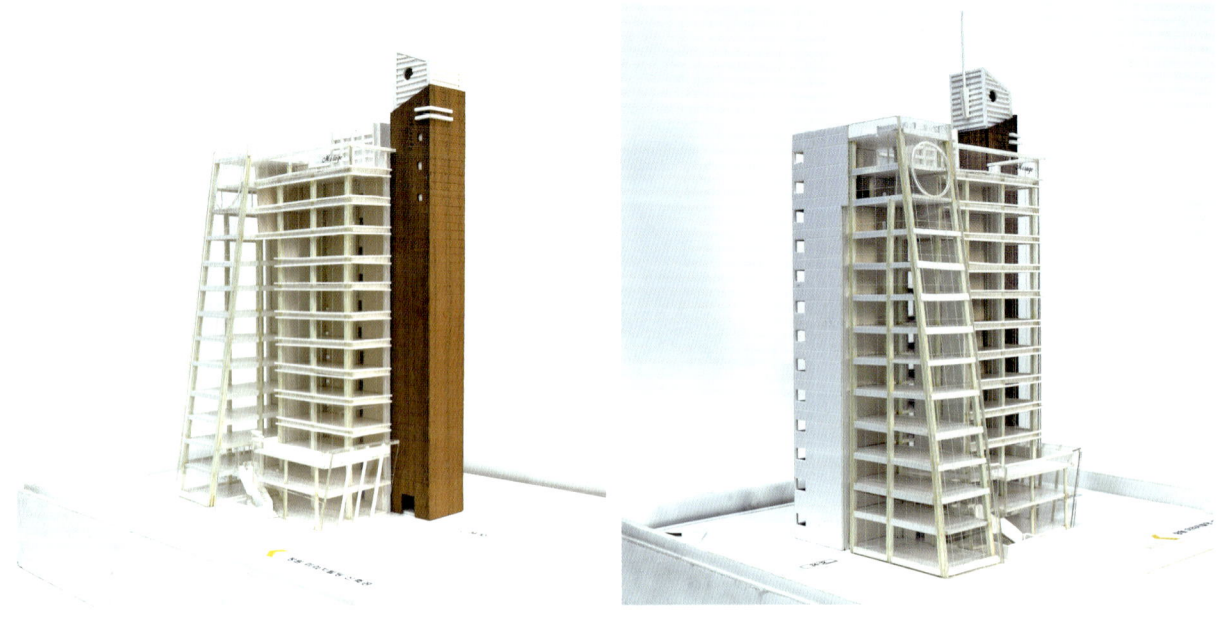

**토월로
가로경관개선사업**

2008

경남연구원

2008

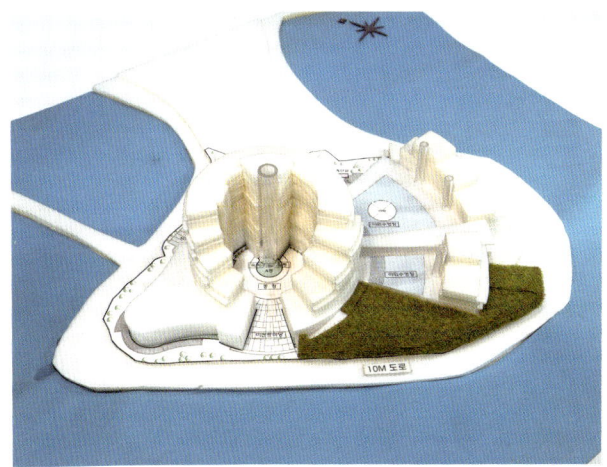 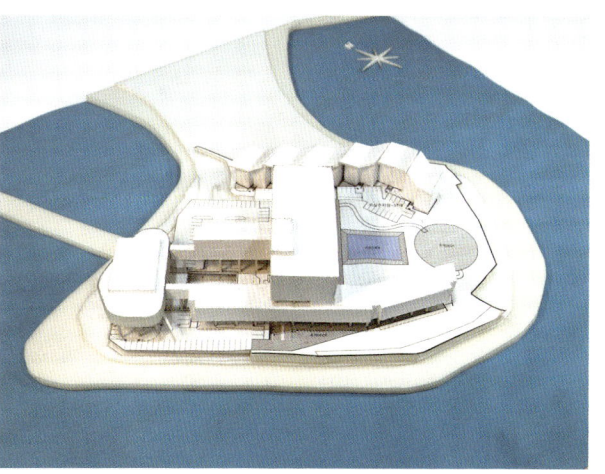

당항포 휴양시설

2007

**김해 부원동
주상복합건물**

2007

**진해 코지존
근린생활시설**

2007

**창원시 청사
공중화장실**

2007

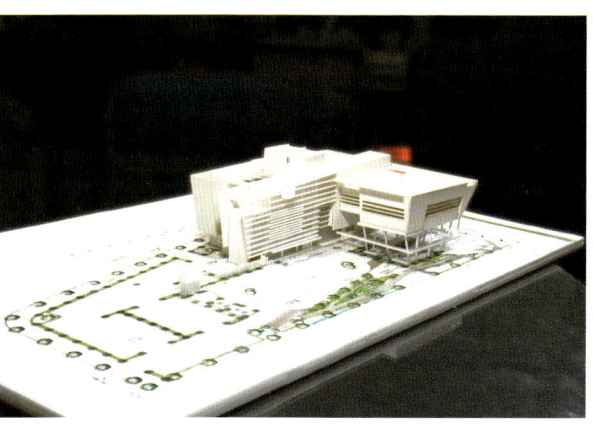

창원 서부스포츠센터

2006

여좌동 K씨주택

2005

창원 상남동 재성빌딩

2003

창원 중앙동 필플라워

2003

김해 공설화장장 및 납골당

2000

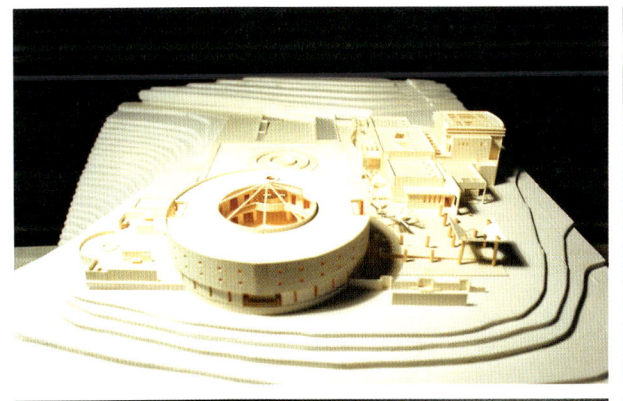

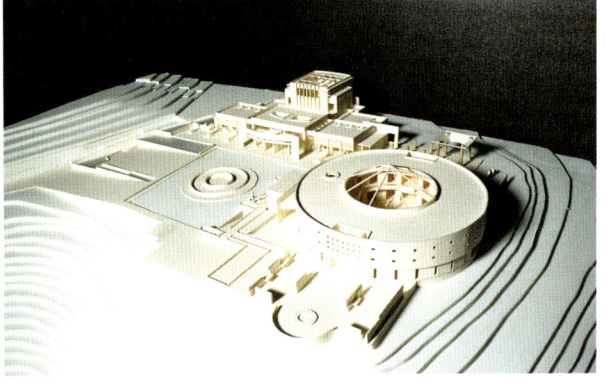

석전동 박정형외과

1999

부산광복기념관

1997

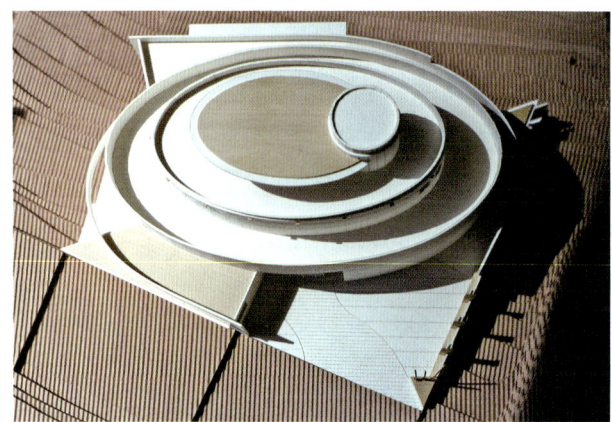

삶의 공존(순환임대주택)

1996

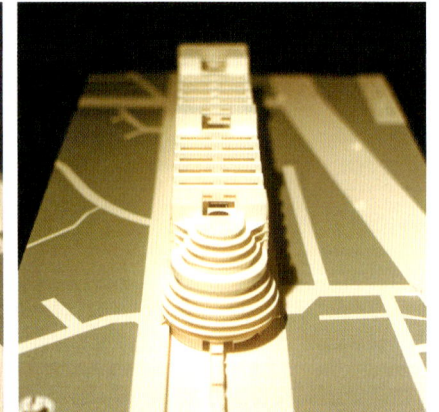

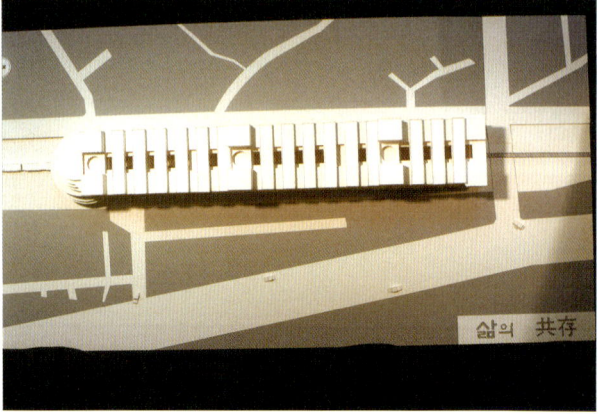

거창문화예술회관
1996

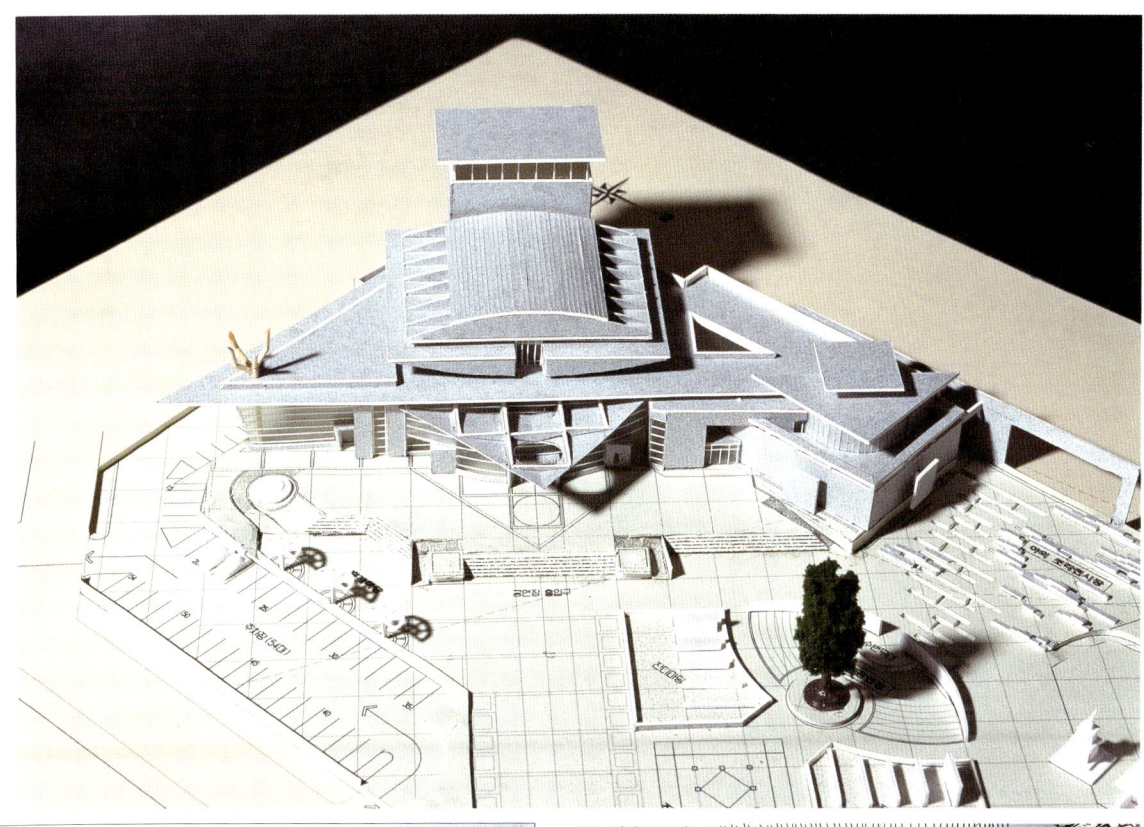

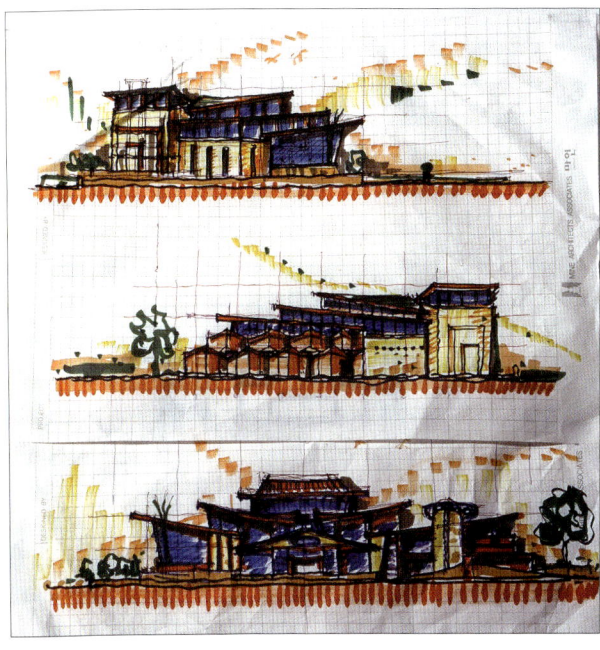

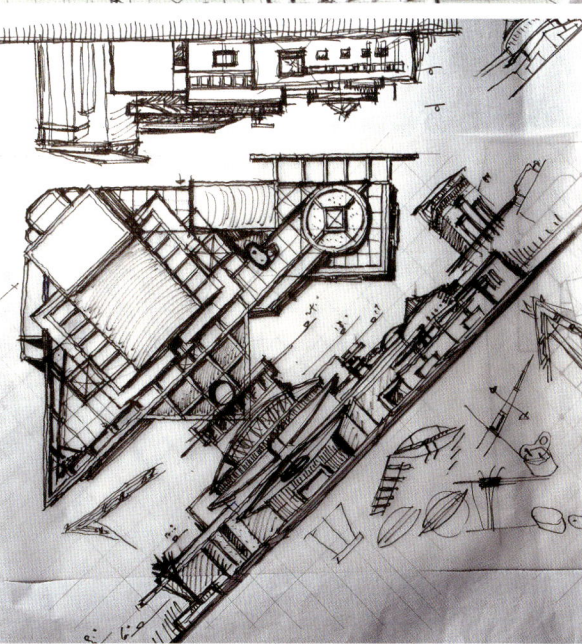

육갑칠갑페스티벌

(가로시설물계획)

1996

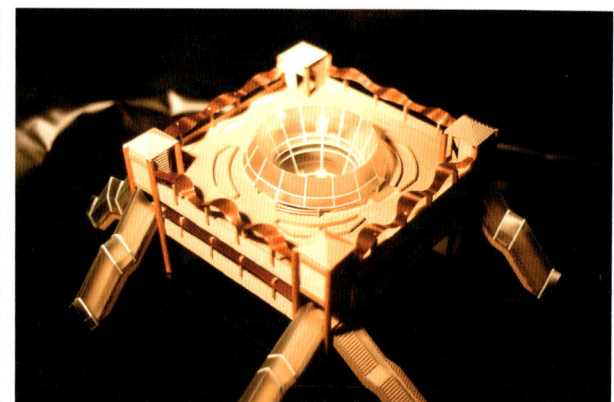
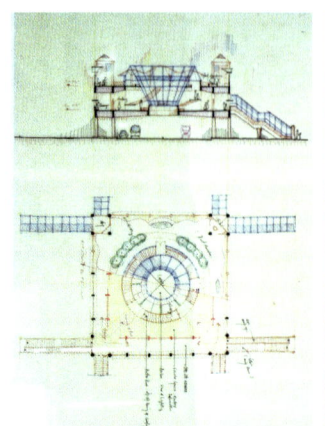
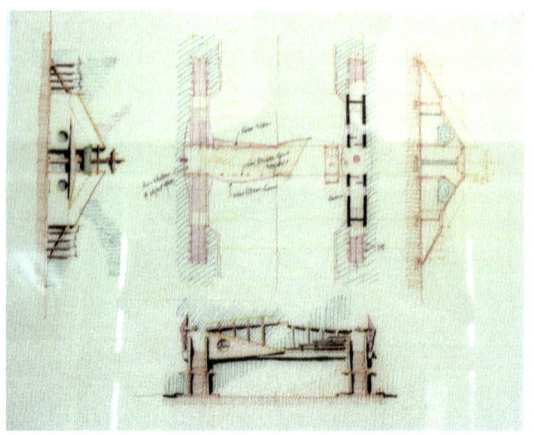
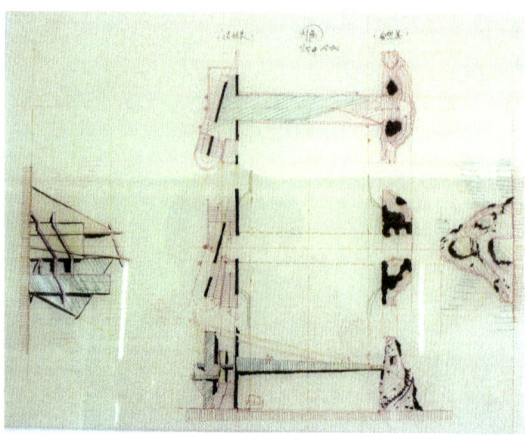

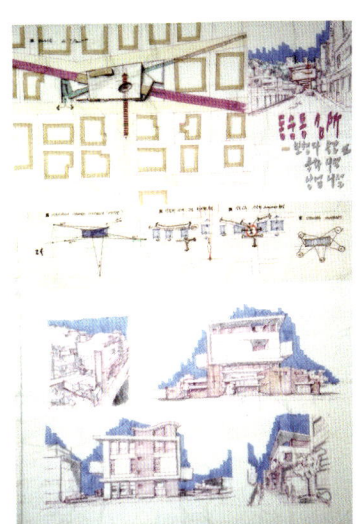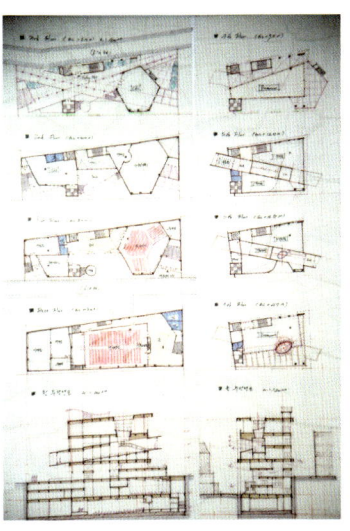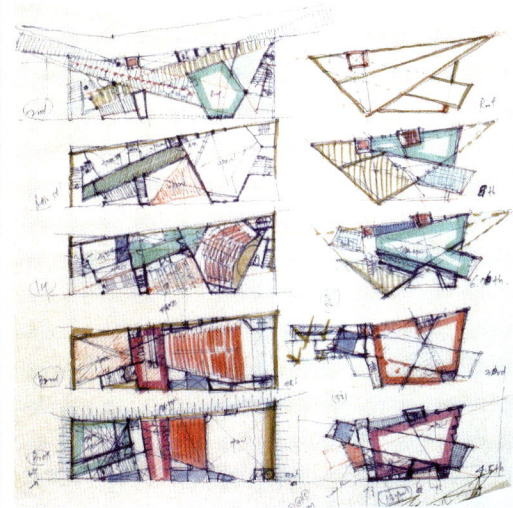

동숭동 명소
(동숭동 문화시설계획)

1996

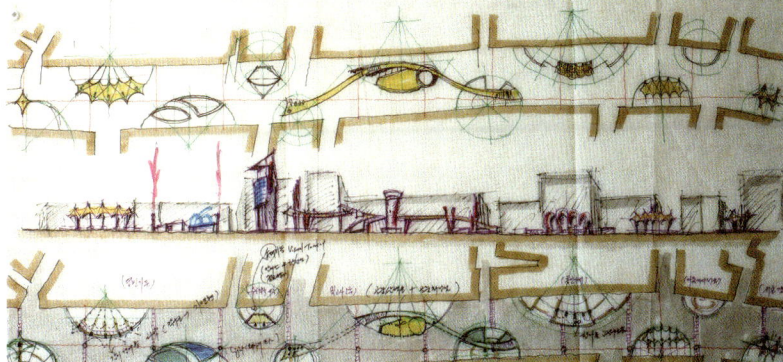

Art Scape
(인사동 가로시설계획)

1996

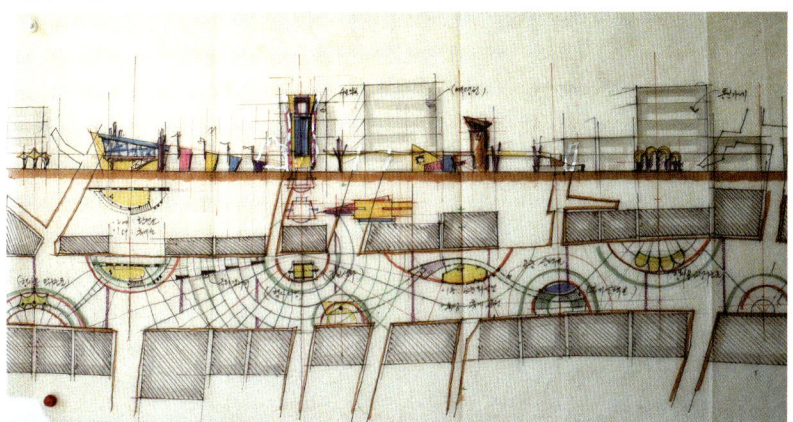

04

건축물 목록

· 용도별 건축연표
· 지역별 건축연표
· 건축대상제 수상 건축물

▌사림동 협성루에나

주소　창원시 의창구 사림동 162-6
규모　지하 3층 / 지상 9층
연면적　12,199.57㎡
준공　2022. 11.

▌사림동 활기찬정형외과

주소　창원시 의창구 사림동 166-1
규모　지하 2층 / 지상 7층
연면적　3,906.49㎡
준공　2021. 03.

▌상남동 세종M필드빌딩

주소　창원시 성산구 상남동 7-2
규모　지하 3층 / 지상 10층
연면적　17,228.20㎡
준공　2021. 02.

▌시그니처 M 빌딩

주소　창원시 의창구 사림동 162-4
규모　지하 4층 / 지상 9층
연면적　12,840.23㎡
준공　2021. 01

▌율하 에이원프라자

주소　김해시 장유동 826-3
규모　지하 2층 / 지상 8층
연면적　9,491.78㎡
준공　2020. 10.

▌사림동 미래리움2

주소　창원시 의창구 사림동 162-7
규모　지하 3층 / 지상 10층
연면적　14,088.54㎡
준공　2019. 06.

▌김해 센텀프라자

주소　김해시 주촌면 선지리 1510-6
규모　지하 2층 / 지상 6층
연면적　3,564.16㎡
준공　2019. 06.

▌김해 에이스프라자

주소　김해시 주촌면 선지리 1520-3
규모　지하 2층 / 지상 6층
연면적　5,282.38㎡
준공　2019. 06.

▌중앙동 한서빌딩

주소　창원시 성산구 중앙동 89-4
규모　지하 1층 / 지상 12층
연면적　5,377.51㎡
준공　2019. 04.

▌사림동 미래리움1

주소　창원시 의창구 사림동 162-5
규모　지하 3층 / 지상 10층
연면적　11,901.06㎡
준공　2018. 07.

▌신항센텀빌딩

주소　창원시 진해구 용원동 1345-2
규모　지하 2층 / 지상 6층
연면적　6,468.28㎡
준공　2017. 11.

▌김해 리버에비뉴

주소　김해시 외동 1262-2
규모　지하 2층 / 지상 8층
연면적　7,644.43㎡
준공　2017. 08.

▌현동 성원빌딩

주소　창원시 마산합포구 현동 370
규모　지하 2층 / 지상 6층
연면적　6,556.98㎡
준공　2017. 04.

▌충무공동 다인프라자

주소　진주시 문산읍 충무공동 289-1
규모　지하 3층 / 지상 9층
연면적　10,261.54㎡
준공　2017. 02.

▌서울정형외과

주소　창원시 마산합포구 중앙동3가 2-2 외 1필지
규모　지하 1층 / 지상 8층
연면적　3,191.94㎡
준공　2016. 12.

봉곡동 MVG빌딩

주소 창원시 의창구 봉곡동 35-12
규모 지하 2층 / 지상 9층
연면적 3,338.33㎡
준공 2015. 07.

가음정 중온빌딩

주소 창원시 성산구 가음동 7-1
규모 지하 2층 / 지상 6층
연면적 4,929.61㎡
준공 2015. 04.

가음정빌딩

주소 창원시 성산구 자음동 7-3
규모 지하 2층 / 지상 6층
연면적 4,887.75㎡
준공 2014. 11.

성주동 골프빌딩

주소 창원시 성산구 성주동 163-2
규모 지하 2층 / 지상 6층
연면적 4,785.02㎡
준공 2014. 04.

성주동 미래빌딩

주소 창원시 성산구 성주동 163-3
규모 지하 2층 / 지상 6층
연면적 4,785.02㎡
준공 2014. 04.

상남동 K빌딩

주소 창원시 성산구 상남동 22-7
규모 지하 1층 / 지상 9층
연면적 5,682.91㎡
준공 2014. 03.

석동 H빌딩

주소 창원시 진해구 석동 513-2
규모 지하 2층 / 지상 6층
연면적 9,062.32㎡
준공 2014. 02.

성주동 성주빌딩

주소 창원시 성산구 성주동 127
규모 지하 2층 / 지상 6층
연면적 6,105.33㎡
준공 2013. 04.

상남동 SH빌딩

주소 창원시 성산구 상남동 10-1
규모 지하 2층 / 지상 11층
연면적 6,308.37㎡
준공 2011. 11.

대방동 무궁화빌딩 II

주소 창원시 성산구 대방동 362-1
규모 지하 2층 / 지상 7층
연면적 2,590.12㎡
준공 2010. 11.

성주동 성산빌딩

주소 창원시 성산구 성주동 124
규모 지하 2층 / 지상 6층
연면적 6,324.49㎡
준공 2010. 08.

팔용동 명빌딩

주소 창원시 의창구 팔용동 34-11
규모 지하 3층 / 지상 13층
연면적 10,033.55㎡
준공 2008. 10.

상남동 무궁화빌딩 I

주소 창원시 성산구 상남동 13-6
규모 지하 2층 / 지상 7층
연면적 3,827.02㎡
준공 2007. 10.

상남동 서울메디컬

주소 창원시 성산구 상남동 34-1
규모 지하 1층 / 지상 6층
연면적 2,610.26㎡
준공 2007. 09.

용원 코지존

주소 창원시 진해구 용원동 1214-2
규모 지하 1층 / 지상 6층
연면적 2,487.26㎡
준공 2007. 09.

구. 태양극장 리모델링

주소 창원시 마산합포구 상남동 100-3 외 2필지
규모 지하 1층 / 지상 8층
연면적 5,211.11㎡
준공 2007. 03.

상남동 H빌딩

주소 창원시 성산구 상남동 13-5
규모 지하 2층 / 지상 7층
연면적 3,814.87㎡
준공 2006. 06.

팔용동 미래웨딩캐슬

주소 창원시 의창구 팔룡동 34-10
규모 지하 4층 / 지상 6층
연면적 15,762.33㎡
준공 2005. 06.

팔용동 한미코보스텔

주소 창원시 의창구 팔룡동 31-2
규모 지하 2층 / 지상 9층
연면적 5,597.38㎡
준공 2004. 01.

대청동 굿모닝빌딩

주소 김해시 대청동 59-5
규모 지하 2층 / 지상 10층
연면적 6,148.15㎡
준공 2004. 01.

합성동 CGV마산 리모델링

주소 창원시 마산회원구 합성동 126-4 외 1필지
규모 지하 6층 / 지상 13층
연면적 24,200.54㎡
준공 2003. 10.

상남동 재성빌딩

주소 창원시 성산구 상남동 31-1
규모 지하 1층 / 지상 7층
연면적 3,176.66㎡
준공 2003. 03.

상남동 하나빌딩

주소 창원시 성산구 상남동 34-7
규모 지하 2층 / 지상 8층
연면적 3,237.75㎡
준공 2003. 02.

상남동 타임빌딩

주소 창원시 성산구 상남동 17-9
규모 지하 1층 / 지상 8층
연면적 2,787.22㎡
준공 2003. 01.

거제 윤석빌딩

주소 경남 거제시 고현동 967
규모 지상 6층
연면적 2,864.65㎡
준공 2002. 11.

한국화낙 증축

주소 창원시 성산구 웅남동 39
규모 지상 3층
연면적 1,698.58
준공 2022. 06.

신월동 커피산

주소 창원시 마산합포구 신월동 산28-2
규모 지하 1층 / 지상 4층
연면적 998.99㎡
준공 2021. 06

창원식자재마트

주소 창원시 마산합포구 산호동 322-2
규모 지상 2층
연면적 1,655.88㎡
준공 2019. 02.

상남동 할리스커피

주소 창원시 성산구 상남동 18-9
규모 지상 3층
연면적 602.37㎡
준공 2018. 09.

사림동 미래드림빌딩

주소 창원시 의창구 사림동 166-9 외 1필지
규모 지하 2층 / 지상 5층
연면적 6,646.42㎡
준공 2018. 07.

| 진해 자은빌딩

주소 　창원시 진해구 자은동 135-2
규모 　지하 3층 / 지상 5층
연면적 6,634.56㎡
준공 　2017. 12.

| 상남동 준성빌딩

주소 　창원시 마산합포구 223-1
　　　외 1필지
규모 　지상 2층
연면적 165.23㎡
준공 　2017. 02.

| 대방동 지에스상가

주소 　창원시 성산구 대방동 362-9
규모 　지상 2층
연면적 562.33㎡
준공 　2016. 11.

| 현동 주상가

주소 　창원시 마산합포구 현동377
규모 　지하 2층 / 지상 5층
연면적 14,383.20㎡
준공 　2015. 11.

| 마창환경운동연합

주소 　창원시 마산회원구 구암동
　　　1349-12
규모 　지상 2층
연면적 14,383.20㎡
준공 　2014. 12.

| 신포동 한국아울렛

주소 　창원시 마산합포구 신포동
　　　2가 86-2 외 12필지
규모 　지상 2층
연면적 2,961.20㎡
준공 　2014. 11.

| 아세아정형외과 리모델링

주소 　창원시 마산회원구 합성동
　　　100-6
규모 　지하 1층 / 지상 4층
연면적 1,289.54㎡
준공 　2014. 07.

| 관동동 근린생활시설

주소 　김해시 관동동 1063-6
규모 　지상 3층
연면적 425.76㎡
준공 　2013. 10.

| 운서리 근린생활시설

주소 　경남 함안군 운서리 1033-1
규모 　지상 3층
연면적 476.85㎡
준공 　2013. 10.

| 관동동 투썸플레이스

주소 　김해시 관동동 1067-3
규모 　지상 3층
연면적 765.49㎡
준공 　2012. 10.

| 율하 에코빌딩

주소 　김해시 율하동 1346-2
규모 　지하 1층 / 지상 5층
연면적 1,939.69㎡
준공 　2011. 10.

| 관동동 J파크프라자

주소 　김해시 관동동 449-6
규모 　지하 1층 / 지상 5층
연면적 2,670.37㎡
준공 　2010. 12.

| 이강갤러리

주소 　창원시 의창구 용호동 17-16
규모 　지상 2층
연면적 274.29㎡
준공 　2009. 10.

| T-Station 마산양덕점

주소 　창원시 마산회원구 양덕동 54-7
규모 　지상 2층
연면적 451.98㎡
준공 　2008. 05.

| 진영영프라자빌딩

주소 　김해시 진영읍 진영리 1621-12
규모 　지상 4층
연면적 1,025.94㎡
준공 　2008. 03.

▎호계리 삼보빌딩

주소 창원시 마산회원구 내서읍
      호계리 790-224
규모 지상 5층
연면적 1,081.50㎡
준공 2004. 04.

▎석동 벚꽃메디컬센터

주소 창원시 진해구 석동 663-7
규모 지하 1층 / 지상 5층
연면적 3,465.20㎡
준공 2004. 01.

▎중앙동 필플라워

주소 창원시 성산구 중앙동 48-14
규모 지하 1층 / 지상 2층
연면적 485.17㎡
준공 2003. 08.

▎오동동 숙박시설

주소 창원시 마산합포구 오동동
      149-75
규모 지상 4층
연면적 1,106.06㎡
준공 2000. 09.

▎산호동 윤한의원 리모델링

주소 창원시 마산합포구 산호동
      25-4 외 1필지
규모 지하 1층 / 지상 5층
연면적 1,615.70㎡
준공 1999. 12.

▎석전동 박정형외과

주소 창원시 마산회원구 석전동
      261-10
규모 지하 1층 / 지상 5층
연면적 1,788.22㎡
준공 1999. 12.

▎교방동 근린생활시설

주소 창원시 마산합포구 교방동
      373-7
규모 지상 3층
연면적 290.51㎡
준공 1996. 12.

▎마산대 식품과학관 리모델링

주소 창원시 마산회원구 내서읍 용
      담리 181-1 외 28필지
규모 지상 1층
연면적 1,045.20㎡
준공 2021. 03.

▎양산 가촌초등학교

주소 양산시 물금읍 가촌리 1273-2
규모 지하 1층 / 지상 4층
연면적 12,238.13㎡
준공 2020. 03.

▎진해신항중학교

주소 창원시 진해구 용원동 1338-1
규모 지상 5층
연면적 11,474.31㎡
준공 2019. 02.

▎양산물금중학교

주소 양산시 물금읍 가촌리 1272-12
규모 지하 1층 / 지상 5층
연면적 13,172.56㎡
준공 2018. 01.

▎마산대 미래관

주소 창원시 마산회원구 내서읍
      용담리 181-1 외 28필지
규모 지하 3층 / 지상 7층
연면적 18,942.59㎡
준공 2014. 06.

마산대 기숙사

- 주소: 창원시 마산회원구 내서읍 용담리 181-1 외 28필지
- 규모: 지하 3층 / 지상 12층
- 연면적 23,921.52㎡
- 준공 2014. 06.

경상남도 교육종합복지관

- 주소: 경남 고성군 회화면 당항리 산 9-1 외 3필지
- 규모: 지하 1층 / 지상 6층
- 연면적 7,484.42㎡
- 준공 2012. 03.

낙동강학생수련원

- 주소: 김해시 생림면 생철리 13 외 5필지
- 규모: 지상 3층
- 연면적 8,043.35㎡
- 준공 2009. 04.

토월중학교 체육관

- 주소: 창원시 성산구 신월동 92
- 규모: 지상 3층
- 연면적 1,808.41㎡
- 준공 2008. 03.

북면 온천초등학교 체육관

- 주소: 창원시 의창구 북면 신촌리 612-2
- 규모: 지상 2층
- 연면적 887.49㎡
- 준공 2008. 03.

김해봉황초등학교

- 주소: 김해시 전하동 518
- 규모: 지하 1층 / 지상 5층
- 연면적 9,132.47㎡
- 준공 2006. 04.

창원대 국제교류원

- 주소: 창원시 의창구 퇴촌동 169
- 규모: 지하 1층 / 지상 3층
- 연면적 3,006.10㎡
- 준공 2005. 03.

김해 화정초등학교

- 주소: 김해시 삼계동 1438-2
- 규모: 지하 1층 / 지상 4층
- 연면적 11,176.40㎡
- 준공 2003. 09.

김해 가야고등학교

- 주소: 김해시 내동 1146-4
- 규모: 지상 4층
- 연면적 10,404.59㎡
- 준공 1996. 11.

합성2동 팔용경로당

- 주소: 창원시 마산회원구 합성동 207-13
- 규모: 지상 1층
- 연면적 108.23㎡
- 준공 2022. 10.

신촌 경로당

- 주소: 창원시 성산구 신촌동 12-10
- 규모: 지상 1층
- 연면적 111.21㎡
- 준공 2021. 09.

중동 패총전시관

- 주소: 창원시 의창구 중동 중앙공원지구
- 규모: 지상 1층
- 연면적 169.00㎡
- 준공 2019. 06.

팔용동 수소충전소

- 주소: 창원시 의창구 팔용동 210-2
- 규모: 지상 1층
- 연면적 380.17㎡
- 준공 2017. 03.

산청군 통합관제센터

- 주소: 경남 산청군 산청읍 옥산리 465-3
- 규모: 지하 1층 / 지상 5층
- 연면적 2,205.18㎡
- 준공 2017. 02.

오동동 문화광장

주소 창원시 마산합포구 동성동 177-1
규모 지하 1층 / 지상 1층
연면적 2,642.53㎡
준공 2016. 11.

오동동 평화의 소녀상 부대시설

주소 창원시 마산합포구 동성동 164-2
준공 2016. 11.

탄소제로하우스

주소 창원시 성산구 용지동 551-1 용지공원내
규모 지상 1층
연면적 150.90㎡
준공 2014. 09.

구암119센터

주소 창원시 마산회원구 구암동 산 117-1 외 3필지
규모 지상 3층
연면적 862.96㎡
준공 2014. 08.

합천도예체험관

주소 경남 합천군 가야면 야천리 943 외 82필지
규모 지상 2층
연면적 494.18㎡
준공 2017. 03.

진해청소년전당

주소 창원시 진해구 중평동 4-1 외 3필지
규모 지하 1층 / 지상 5층
연면적 4,870.98㎡
준공 2013. 09.

봉림청소년수련관

주소 창원시 의창구 봉림동 246-5 외 1필지
규모 지하 2층 / 지상 2층
연면적 2,119.15㎡
준공 2013. 08.

진해군항마을역사관

주소 창원시 진해구 대천동 2-9
규모 지상 2층
연면적 157.4㎡
준공 2012. 05.

창원문화원

주소 창원시 의창구 용호동 62-2
규모 지하 2층 / 지상 4층
연면적 4,424.41㎡
준공 2012. 02.

삼정자 경로당

주소 창원시 성산구 성주동 128-2
규모 지하 1층 / 지상 2층
연면적 384.09㎡
준공 2012. 02.

양산국유림관리소

주소 양산시 동면 석산리 1477-2
규모 지상 5층
연면적 1,235.53㎡
준공 2011. 03.

칠곡군 산림조합

주소 경북 칠곡군 왜관읍 왜관리 1490
규모 지상 4층
연면적 1,079.59㎡
준공 2011. 02.

창원시립 용지어린이집

주소 창원시 의창구 용호동 62-1
규모 지상 3층
연면적 599.80㎡
준공 2010. 03.

용호상업지역 문화의 거리

주소 창원시 의창구 용호동 일대
준공 2009. 06.

경남연구원수장고 함안분원

주소 경남 함안군 군북면 하림리 213
규모 지상 2층
연면적 366.85㎡
준공 2009. 04.

경남발전연구원

주소 　창원시 의창구 용호동 5-1
규모 　지하 2층 / 지상 5층
연면적 10,215.29㎡
준공 　2009. 06.

창원청소년생태체험정보센터

주소 　창원시 의창구 도계동 886-4
규모 　지하 1층 / 지상 3층
연면적 827.20㎡
준공 　2008. 11.

죽암마을회관

주소 　창원시 마산회원구 내서읍 중리 875 외 1필지
규모 　지상 2층
연면적 252.10㎡
준공 　2006. 01.

월영동행정복지센터

주소 　창원시 마산합포구 해운동 14-15 외 2필지
규모 　지하 1층 / 지상 3층
연면적 1,278.62㎡
준공 　1994. 04.

대티리 주택

주소 　창원시 마산합포구 진북면 대티리 791
규모 　지상 1층
연면적 99.27㎡
준공 　2022. 09.

반지동 주택

주소 　창원시 의창구 반지동 72-15
규모 　지상 2층
연면적 198.72㎡
준공 　2022. 03.

사림동 주택

주소 　창원시 의창구 사림동 92-3
규모 　지상 2층
연면적 199.68㎡
준공 　2021. 12.

베종드까사

주소 　창원시 마산회원구 양덕동 48-7
규모 　지상 3층
연면적 148.63㎡
준공 　2021. 08.

용호동 K씨주택

주소 　창원시 의창구 용호동 23-14
규모 　지하 1층 / 지상 2층
연면적 258.42㎡
준공 　2009. 07.

대외동 다가구주택

주소 　창원시 마산합포구 대외동 5-1
규모 　지상 3층
연면적 240.84㎡
준공 　2002. 01.

이편한세상 창원센트럴파크(1단지)

주소 　창원시 마산회원구 회원동 313
규모 　지하 3층 / 지상 25층
연면적 42,219.99㎡
준공 　2020. 08.

이편한세상 창원센트럴파크(2단지)

주소 　창원시 마산회원구 회원동 314
규모 　지하 2층 / 지상 29층
연면적 137,452.51㎡
준공 　2020. 08.

창원롯데캐슬프리미어

주소 　창원시 마산합포구 교방동 525 외 2필지
규모 　지하 2층 / 지상 25층
연면적 151,383.32㎡
준공 　2020. 07.

창원롯데캐슬더퍼스트

주소 　창원시 마산합포구 합성동 358
규모 　지하 2층 / 지상 29층
연면적 169,118.18㎡
준공 　2018. 07.

경화 베스티움아파트

주소 창원시 진해구 경화동 1316
규모 지하 2층 / 지상 15층
연면적 42,927.69㎡
준공 2018. 12.

창원 STX기숙사

주소 창원시 성산구 중앙동 111-2
규모 지하 1층 / 지상 4층
연면적 8,406.60㎡
준공 2008. 09.

진동 한일유앤아이아파트

주소 창원시 마산합포구 진동면 진동리 592
규모 지하 3층 / 지상 15층
연면적 146,302.15㎡
준공 2008. 06.

중앙동 경동메르빌 2차 아파트

주소 창원시 마산합포구 중앙동2가 1-500
규모 지하 1층 / 지상 15층
연면적 29,597.29㎡
준공 2007. 01.

자은동 더샵아파트

주소 창원시 진해구 자은동 525-3
규모 지하 1층 / 지상 15층
연면적 55,110.78㎡
준공 2005. 11.

회원동 삼성메르빌

주소 창원시 마산회원구 403-3
규모 지하 2층 / 지상 15층
연면적 14,073.70㎡
준공 2004. 12.

마산의료원 음압병동 증축

주소 창원시 마산합포구 장군동4가 3-6
규모 지상 4층
연면적 1,283.41㎡
준공 2022. 12

새길동산요양병원

주소 경남 함안군 대산면 옥렬리 1517-9
규모 지하 1층 / 지상 2층
연면적 1,542.69㎡
준공 2010. 02.

시립마산요양병원

주소 창원시 마산합포구 우산동 102-6
규모 지하 2층 / 지상 4층
연면적 6,363.36㎡
준공 2008. 10

용원 세명병원

주소 창원시 진해구 용원동 1217-2
규모 지하 2층 / 지상 8층
연면적 4,933.85㎡
준공 2006. 01.

함안군보건소

주소 경남 함안군 대산면 말산리 100 외 1필지
규모 지하 1층 / 지상 2층
연면적 3,698.98㎡
1997. 12.

진동태봉병원

주소 　창원시 마산합포구 진동면
　　　 동전리 1434-5
규모 　지하 2층 / 지상 5층
연면적 3,963.33㎡
준공 　1996. 08.

마산천국복음교회

주소 　창원시 마산합포구 교방동
　　　 196-16 외 6필지
규모 　지상 4층
연면적 494.57㎡
준공 　2019. 01.

창원은광교회

주소 　창원시 성산구 상남동 58-1
규모 　지상 3층
연면적 986.16㎡
준공 　2001. 12.

롯데캐슬 마을흔적관

주소 　창원시 마산합포구 교방동 525
규모 　지하 1층
연면적 114.64㎡
준공 　2020. 07.

포레나대원아파트 마을흔적관

주소 　창원시 성산구 대원동 40
규모 　지하 1층
연면적 168.79㎡
준공 　2018. 12.

창원남산효성헤링턴플레이스 마을흔적관

주소 　창원시 성산구 남산동 601-26
규모 　지상 1층
연면적 89.95㎡
준공 　2018. 06.

신세계백화점 마산점 주차동 증축

주소 　창원시 마산합포구 산호동
　　　 10-3
규모 　지상 6층
연면적 2,588.9㎡
준공 　2001. 12.

부곡원탕고운호텔

주소 　경남 창녕군 부곡면 거문리
　　　 217-11 외 6필지
규모 　지하 2층 / 지상 5층
연면적 2,838.72㎡
준공 　1996. 12.

지역별 건축 연표

• 구 창원지역 준공건축물

구분	건물명	주소	층수	연면적	사용승인
1	사림동 협성루에나	창원시 의창구 사림동 162-6	지하3층/지상9층	12,199.57	2022.11
2	한국화낙 증축	창원시 성산구 웅남동 39	지상3층	1,698.58	2022.6
3	반지동 주택	창원시 의창구 반지동 72-15	지상2층	198.72	2022.3
4	사림동 주택	창원시 의창구 사림동92-3	지상2층	199.68	2021.12
5	신촌 경로당	창원시 성산구 신촌동 12-10	지상1층	111.21	2021.9
6	사림동 활기찬정형외과	창원시 의창구 사림동 166-1	지하2층/지상7층	3,906.49	2021.3
7	상남동 세종M필드빌딩	창원시 성산구 상남동 7-2	지하3층/지상10층	17,228.20	2021.2
8	사림동 시그니처 M빌딩	창원시 의창구 사림동 162-4	지하4층/지상9층	12,840.23	2021.1
9	사림동 미래리움 II	창원시 의창구 사림동 162-7	지하3층/지상10층	14,088.54	2019.6
10	중동 패총전시관	창원시 의창구 중동 중앙공원지구	지상1층	169.00	2019.6
11	중앙동 한서빌딩	창원시 성산구 중앙동 89-4	지하1층/지상12층	5,377.51	2019.4
12	포레나대원아파트 마을흔적관	창원시 성산구 대원동 40	지하1층	168.79	2018.12
13	상남동 할리스커피	창원시 성산구 상남동 18-9	지상3층	602.37	2018.9
14	사림동 미래드림빌딩	창원시 의창구 사림동 166-9외	지하2층/지상5층	6,646.42	2018.9
15	사림동 미래리움1	창원시 의창구 사림동 162-5	지하3층/지상10층	11,901.06	2018.7
16	창원남산효성헤링턴플레이스 마을흔적관	창원시 성산구 남산동601-26	지상1층	89.95	2018.6
17	팔용동 수소충전소	창원시 의창구 팔용동 210-2	지상1층	380.17	2017.3
18	대방동 지에스상가	창원시 성산구 대방동362-9	지상2층	562.33	2016.11
19	봉곡동 MVG빌딩	창원시 의창구 봉곡동 35-12	지하2층/지상9층	3,338.33	2015.7
20	가음정 중온빌딩	창원시 성산구 가음동 7-1	지하2층/지상6층	4,929.61	2015.4
21	가음정빌딩	창원시 성산구 가음동 7-3	지하2층/지상6층	4,887.75	2014.11
22	탄소제로하우스	창원시 성산구 용지공원내	지상1층	150.90	2014.9
23	성주동 골프빌딩	창원시 성산구 성주동 163-2	지하2층/지상6층	4,785.02	2014.4
24	성주동 미래빌딩	창원시 성산구 성주동 163-3	지하2층/지상6층	4,785.02	2014.4
25	상남동 K빌딩	창원시 성산구 상남동 22-7	지하1층/지상9층	5,682.91	2014.3
26	봉림청소년수련관	창원시 의창구 봉림동 246-5	지하2층/지상2층	2,119.15	2013.8
27	성주동 성주빌딩	창원시 성산구 성주동 127	지하2층/지상6층	6,105.33	2013.4
28	삼정자 경로당	창원시 성산구 성주동 128-2	지하1층/지상2층	384.09	2012.2
29	창원문화원	창원시 의창구 용호동 62-2	지하2층/지상4층	4,424.41	2012.2
30	상남동 SH빌딩	창원시 성산구 상남동 10-1	지하2층/지상11층	6,308.37	2011.11
31	대방동 무궁화빌딩 II	창원시 성산구 대방동 362-1	지하2층/지상7층	2,590.12	2010.11
32	성주동 성산빌딩	창원시 성산구 성주동 124	지하2층/지상6층	6,324.49	2010.8
33	시립용지동어린이집	창원시 의창구 용호동 62-1	지상3층	599.80	2010.3
34	용호동 K씨주택	창원시 의창구 용호동 23-14	지하1층/지상2층	258.42	2009.7
35	용호상업지역 문화의 거리	창원시 의창구 용호동 일대	-	-	2009.6

구분	건물명	주소	층수	연면적	사용승인
36	경남연구원	창원시 의창구 용호동 5-1	지하2층/지상5층	10.215.29	2009.6
37	창원청소년생태체험정보센터	창원시 의창구 도계동 886-4	지하1층/지상3층	827.20	2008.11
38	팔용동 명빌딩	창원시 의창구 팔용동 34-11	지하3층/지상13층	10,033.55	2008.10
39	이강갤러리	창원시 의창구 용호동 17-16	지상2층	274.29	2008.10
40	창원 STX기숙사	창원시 성산구 중앙동 111-2	지하1층/지상4층	8,406.60	2008.9
41	토월중학교 체육관	창원시 성산구 신월동 92	지상3층	1,808.41	2008.3
42	북면초등학교 체육관	창원시 의창구 북면 신촌리 612-2	지상2층	887.49	2008.3
43	상남동 무궁화빌딩	창원시 성산구 상남동 13-6	지하2층/지상7층	3,827.02	2007.10
44	상남동 서울메디컬	창원시 성산구 상남동 34-1	지하1층/지상6층	2,610.26	2007.9
45	상남동 H빌딩	창원시 성산구 상남동 13-5	지하2층/지상7층	3,814.87	2006.3
46	팔용동 미래웨딩캐슬	창원시 의창구 팔용동 34-10	지하4층/지상6층	15,762.33	2005.6
47	창원대 국제교류원	창원시 의창구 퇴촌동 169	지하1층/지상3층	3,006.10	2005.3
48	팔용동 한미코보스텔	창원시 의창구 팔용동 31-2	지하2층/지상9층	5,597.38	2004.1
49	중앙동 필플라워	창원시 성산구 중앙동 48-14	지하1층/지상2층	485.17	2003.8
50	상남동 재성빌딩	창원시 성산구 상남동 31-1	지하1층/지상7층	3,176.66	2003.3
51	상남동 하나빌딩	창원시 성산구 상남동 34-7	지하2층/지상8층	3,237.75	2003.2
52	상남동 타임빌딩	창원시 성산구 상남동 17-9	지하2층/지상8층	2,787.22	2003.1
53	창원은광교회	창원시 성산구 상남동 58-1	지상3층	986.16	2001.12

• 구 마산지역 준공건축물

구분	건물명	주소	층수	연면적	사용승인
1	마산의료원 음압병동 증축	창원시 마산합포구 장군동4가 3-6	지상4층	1,283.41	2022.12
2	합성2동 팔용경로당	창원시 마산회원구 합성동 207-13	지상1층	108.23	2022.10
3	대티리 주택	창원시 마산합포구 진북면 대티리791	지상1층	99.27	2022.9
4	베종드까사 주택	창원시 마산회원구 양덕동 48-7	지상3층	148.63	2021.8
5	마산대 식품과학관 리모델링	창원시 마산회원구 내서읍 용담리 48-7	지상1층	1.045.20	2021.3
6	신월동 커피산	창원시 마산합포구 신월동 산28-2	지하1층/지상4층	999.99	2021.6
7	창원롯데캐슬프리미어	창원시 마산합포구 교방동 525	지하2층/지상25층	151,383.32	2020.7
8	롯데캐슬 마을흔적관	창원시 마산합포구 교방동 525	지하1층	114.64	2020.7
9	이편한세상 창원센트럴파크	창원시 마산회원구 회원동 314	지하3층/지상29층	179,672.25	2020.1
10	창원식자재마트	창원시 마산합포구 산호동 322-2	지상2층	1,655.88	2019.2
11	교방동 천국교회	창원시 마산합포구 교방동 196-16	지상4층	494.57	2019.1
12	창원롯데캐슬더퍼스트	창원시 마산합포구 합성동358	지하2층/지상29층	168,118.18	2018.7
13	현동 성원빌딩	창원시 마산합포구 현동 370	지하2층/지상6층	6,556.98	2017.4
14	상남동 준성빌딩	창원시 마산합포구 상남동223-1	지상2층	165.23	2017.2
15	서울정형외과	창원시 마산합포구 중앙동3가 2-2	지하1층/지상8층	3,191.94	2016.12
16	오동동문화광장	창원시 마산합포구 동성동177-1	지하1층/지상1층	2,642.53	2016.11
17	오동동 평화의 소녀상 부대시설	창원시 마산합포구 동성동164-2	-	-	2016.11
18	현동 주상가	창원시 마산합포구 현동377	지하2층/지상5층	14,383.20	2015.11

구분	건물명	주소	층수	연면적	사용승인
19	마창환경운동연합	창원시 마산회원구 구암동1349-12	지상2층	136.67	2014.12
20	신포동 한국아울렛	창원시 마산합포구 신포동 2가 86-2	지상2층	2,961.20	2014.11
21	구암119센터	창원시 마산회원구 구암동 산117-1	지상3층	862.96	2014.8
22	아세아정형외과 리모델링	창원시 마산회원구 합성동 100-6	지하1층/지상4층	1,289.54	2014.7
23	마산대 미래관	창원시 마산회원구 내서읍 용담리100	지하3층/지상7층	18,942.59	2014.6
24	마산대 기숙사	창원시 마산회원구 내서읍 용담리100	지하3층/지상12층	23,921.52	2014.6
25	시립마산요양병원	창원시 마산합포구 우산동 102-6	지하2층/지상4층	6,363.36	2008.10
26	진동 한일유앤아이아파트	창원시 마산합포구 진동면 진동리592	지하3층/지상15층	146,302.15	2008.6
27	T-Station 마산양덕점	창원시 마산회원구 양덕동 54-7	지상2층	451.98	2008.5
28	신태양극장 리모델링	창원시 마산합포구 상남동 100-3	지하1층/지상8층	5,211.11	2007.3
29	중앙동 경동메르빌 2차아파트	창원시 마산합포구 중앙동2가 1-500	지하1층/지상15층	29,597.29	2007.1
30	죽암마을회관	창원시 마산회원구 내서읍 중리875	지상2층	252.10	2006.1
31	회원동 삼성메르빌	창원시 마산회원구 403-3	지하3층/지상15층	14,073.70	2004.12
32	호계리 삼보빌딩	창원시 마산회원구 내서읍 호계리 790-224	지상5층	1,081.5	2004.4
33	합성동 CGV마산 리모델링	창원시 마산회원구 합성동 126-4	지하 6층/지상13층	24,200.54	2003.10
34	대외동 다가구주택	창원시 마산합포구 대외동 5-1	지상3층	240.84	2002.1
35	신세계백화점 마산점 주차동 증축	창원시 마산합포구 산호동 10-3	지상6층	2,588.9	2001.12
36	오동동 숙박시설	창원시 마산합포구 오동동 149-75	지상4층	1,106.06	2000.9
37	산호동 윤한의원 리모델링	창원시 마산합포구 산호동 25-4	지하1층/지상5층	1,615.70	1999.12
38	석전동 박정형외과	창원시 마산회원구 석전동 261-10	지하1층/지상5층	1,788.22	1999.12
39	교방동 근린생활시설	창원시 마산합포구 교방동 373-7	지상3층	290.51	1996.12
40	진동태봉병원	창원시 마산합포구 진동면 동전리 1434-5	지하2층/지상5층	3,966.33	1996.8
41	월영동행정복지센터	창원시 마산합포구 해운동 14-15	지하1층/지상3층	1,278.62	1994.4

• 구 진해지역 준공건축물

구분	건물명	주소	층수	연면적	사용승인
1	진해신항중학교	창원시 진해구 용원동 1338-1	지상5층	11,474.31	2019.2
2	경화 베스티움아파트	창원시 진해구 경화동 1316	지하2층/지상15층	42,927.69	2008.12
3	신항센텀빌딩	창원시 진해구 용원동 1345-2	지하2층/지상6층	6,468.28	2017.11
4	진해 자은빌딩	창원시 진해구 자은동 135-2	지하2층/지상5층	6,800.83	2016.12
5	석동 H빌딩	창원시 진해구 경화동 1418-2	지하2층/지상6층	9,062.32	2014.2
6	진해청소년전당	창원시 진해구 중평동 4-1	지하1층/지상5층	5,448.45	2013.9
7	진해군항마을역사관	창원시 진해구 대천동 2-9	지상2층	157.40	2012.5
8	용원 코지존	창원시 진해구 용원동 1214-2	지하1층/지상6층	2,487.26	2007.9
9	용원 세명병원	창원시 진해구 용원동 1217-2	지하2층/지상8층	4,933.85	2006.1
10	자은동 더#아파트	창원시 진해구 자은동 525-3	지하1층/지상15층	55,110.78	2005.11
11	석동 벚꽃메디컬센터	창원시 진해구 석동 663-7	지하1층/지상5층	3,465.20	2004.1

• 김해지역 준공건축물

구분	건물명	주소	층수	연면적	사용승인
1	율하 에이원프라자	김해시 장유동 826-3	지하2층/지상8층	9,491.78	2020.10
2	김해 센텀프라자	김해시 주촌면 선지리 1510-6	지하2층/지상6층	3,564.16	2019.6
3	진해신항중학교	창원시 진해구 용원동 1338-1	지상5층	11,474.31	2019.2
4	김해 에이스프라자	김해시 주촌면 선지리 1520-3	지하2층/지상6층	5,282.38	2018.5
5	김해 리버애비뉴	김해시 외동 1262-2	지하2층/지상8층	7,644.43	2017.8
6	관동동 근린생활시설	김해시 관동동 1063-6	지상3층	425.76	2013.10
7	관동동 투썸플레이스	김해시 관동동 1067-3	지상3층	765.49	2012.10
8	율하 에코빌딩	김해시 율하동 1346-6	지하1층/지상5층	1,939.69	2011.10
9	진영 영프라자빌딩	김해시 진영읍 진영리 1621-12	지상4층	1,025.94	2008.3
10	낙동강학생수련원	김해시 생림면 생철리 13	지상3층	8,043.35	2007.12
11	김해봉황초등학교	김해시 전하동 518	지하1층/지상5층	9,132.47	2006.4
12	대청동 굳모닝빌딩	김해시 대청동 59-5	지하2층/지상10층	6,148.15	2004.1
13	김해 화성초등학교	김해시 삼계동 1438-2	지하1층/지상4층	11,176,41	2003.9
14	김해 가야고등학교	김해시 내동 1146-4	지상4층	10,404.59	1996.11

• 기타 지역 준공건축물

구분	건물명	주소	층수	연면적	사용승인
1	양산 가촌초등학교	양산시 물금읍 가촌리 1273-2	지하1층/지상4층	12,238.13	2020.3
2	물금중학교	양산시 물금읍 가촌리 1272-12	지하1층/지상5층	13,172.56	2018.1
3	충무공동 다인프라자	진주시 문산읍 충무공동 289-1	지하3층/지상9층	10,261.54	2017.2
4	산청군 통합관제센터	경남 산청군 산청읍 옥산리 465-3	지하1층/지상5층	2,205.18	2017.2
5	합천도예체험관	경남 합천군 가야면 야천리 915	지상2층	494.18	2014.2
6	운서리 근린생활시설	경남 함안군 운서리 1033-1	지상3층	476.85	2013.10
7	경상남도 교육종합복지관	경남 고성군 회화면 당항리 9-1	지하1층/지상6층	74,84.42	2012.3
8	양산국유립관리소	양산시 동면 석산리 1477-2	지하1층/지상3층	1,663.71	2011.3
9	칠곡군 산림조합	경북 칠곡군 왜관읍 왜관리 1490	지상4층	1,079.59	2011.2
10	새길동산요양병원	경남 함안군 대산면 옥렬리 1517-9	지하1층/지상2층	1,542.69	2010.2
11	경남연구원수장고 함안분원	경남 함안군 군북면 하림리 213	지상2층	366.85	2009.4
12	거제 윤석빌딩	경남 거제시 고현동 967	지상6층	2,864.65	2002.11
13	함안군보건소	경남 함안군 대산면 말산리 100	지하1층/지상2층	3,698.98	1997.12
14	부곡원탕고운호텔	경남 창녕군 부곡면 거문리 217-11	지하2층/지상5층	2,838.72	1996.12

UNA Architects Co., Ltd.
(주)유엔에이건축사사무소

건축대상제 수상건축물

2022년 경상남도 우수주택 – 반지동 주택

제9회 창원시 건축대상제(2021년 금상) – 창원 중앙역세권 시그니처 M

2021년도 경상남도 우수주택 – 창원 마산회원구 양덕동 베종드까사

제9회 창원시 건축대상제(2021년 동상) – 창원 마산회원구 양덕동 베종드까사

제5회 창원시 건축대상제(2014년 특별상) – 창원 C-ZERO 하우스

제5회 창원시 건축대상제(2014년 금상) – 마산대학 60주년기념관(미래관)

제4회 창원시 건축대상제(2013년 대상) – 진해청소년전당

제3회 창원시 건축대상제(2012년 동상) – 창원문화원

제1회 마산시 건축대상제(2009년 장려상) – 마산 한일유엔아이 아파트

제10회 김해시 건축대상제(2009년 우수상) – 경상남도 낙동강학생수련원

제16회 창원시 친환경 건축대상제(2009년 입선) – 창원 용호동 이강갤러리

제16회 창원시 친환경 건축대상제(2009년 입선) – 경남발전연구원 청사

제16회 창원시 친환경 건축대상제(2009년 대상) – YMCA친환경 생태체험 정보센터

제8회 경상남도 건축대상제(2009년 은상) – YMCA친환경 생태체험 정보센터

제4회 대한민국 생태환경 건축대상제(2009년 우수상) – YMCA친환경 생태체험 정보센터

한국경제신문 주거문화대상제(2007년 종합대상) – 마산 한일유엔아이 아파트

제7회 김해시 건축대상제(2006년 금상) – 김해 봉황초등학교

경상남도 2005년도 우수주택(2005년 수상) – 진해 여좌동 K씨 주택

제10회 창원시 건축대상제(2004년 금상) – 창원 중앙동 필플라워

사무소 현황

| 사무소 연혁 |

1993. 01. 18. (종) 서진 미래 온누리건축사사무소 등록(신삼호)

1995. 10.　　　마인건축사사무소 등록 변경(신삼호)

2001. 01. 01. (주)건축사사무소 사람과건축 등록(임학만)

2007. 10. 24. (주)유엔에이건축사사무소 사무소 통합(신삼호, 임학만)

2011. 06. 09. (주)유엔에이건축사사무소 대표자 변경(신삼호)

2017. 06. 05. (주)유엔에이건축사사무소 공동대표 변경(신삼호, 박재영)

사무소 현황

유엔에이건축 사람들	함께 했던 사람들	
	(주)유엔에이건축사사무소	마인건축사사무소
신삼호 공동대표(건축사)	임상후(건축사) / 이동우(건축사)	박재근(건축사)
박재영 공동대표(건축사)	이기훈(사장) / 정범철	김송영(건축사)
백영호 전무	김기좌(건축사) / 박민규	정승민(건축사)
변수환 상무(건축사)	남상완(건축사) / 최진섭	박태후(건축사)
김학종 소장(건축사)	하동열(건축사) / 이선희	박종순
심남낭 소장(건축사)	이무곤(건축사) / 이령경	강용문
정미경 실장	강신명(건축사) / 엄세희	이한성
안은지 부장	(고)류창현(건축사) / 전혜민	하수성(건축사)
권민정 팀장	강문철(건축사) / 김남수	이은영
양희수 과장	강정호(건축사)	정헌숙
김재현 대리		서현수
박수환 사원		

설계기록
Design Documents

발행일	2023년 4월 10일
발행인	신삼호, 박재영
발행처	(주)유엔에이건축사사무소
	경상남도 창원특례시 성산구 충혼로 91, 4호관 303호
	Tel. (055) 262-6622
	E-mail. ua-group@daum.net
제작처	불휘미디어
	제567-2011-000009호
	경상남도 창원특례시 마산합포구 오동동 10길 87
	Tel. (055) 244-2067
	E-mail. 2442067@hanmail.net
ISBN	979-11-92576-30-5 03060
가격	35,000원